绍兴文理学院重点教材

U0738789

天姥山
生物学野外实习
指导手册

沈文英　　汤访评◎主编

张建行　　任　岗　　祝尧荣◎副主编

ZHEJIANG UNIVERSITY PRESS
浙江大学出版社
·杭州·

图书在版编目（CIP）数据

天姥山生物学野外实习指导手册 / 沈文英，汤访评
主编 . -- 杭州 ： 浙江大学出版社，2024.8. -- ISBN
978-7-308-25376-5

Ⅰ．Q-45

中国国家版本馆 CIP 数据核字第 20247G8N99 号

天姥山生物学野外实习指导手册

沈文英　　汤访评　主编

责任编辑	伍秀芳	
责任校对	林汉枫	
封面设计	雷建军	
出版发行	浙江大学出版社	
	（杭州市天目山路 148 号　邮政编码 310007）	
	（网址：http://www.zjupress.com）	
排　　版	杭州晨特广告有限公司	
印　　刷	杭州高腾印务有限公司	
开　　本	787mm×1092mm　1/16	
印　　张	12.5	
字　　数	218 千	
版 印 次	2024 年 8 月第 1 版　2024 年 8 月第 1 次印刷	
书　　号	ISBN 978-7-308-25376-5	
定　　价	89.00 元	

《天姥山生物学野外实习指导手册》

编　委　会

主　　编：沈文英　汤访评

副 主 编：张建行　任　岗　祝尧荣

参编人员（以姓氏拼音为序）：

董丽佳　金　参　罗　文

罗育发　任　岗　沈文英

汤访评　杨　国　杨庆满

张建行　章晓栋　祝尧荣

前　言

　　作为生命科学相关专业学生的专业基础课,生物学野外实习是动物学、植物学、生态学等课程的实践教学环节,也是大学生树立和践行生态文明理念的有效途径。依托生物科学国家级特色专业,课程教学团队传承了绍兴文理学院前后3代生物学野外实习指导教师30多年来的教学积淀,融入团队多年来在鱼类、蜘蛛类、特色花卉、外来入侵植物等领域的丰富科研成果,指导学生从“山水林田湖草沙”生命共同体的生态学视角,开展动植物生物多样性调查与研究的学习实践,让学生深刻体会动植物的形态特征、分布特点与其生活地理、气候等生态环境的关系,加深学生对生物多样性及其保护的认识,激发他们学习、探究的浓厚兴趣,树立自然、环境与人和谐统一的生态文明观念。

　　实习基地天姥山位于浙江东部绍兴市新昌县境内,主峰笔架山(拔云尖)海拔818米,因唐代诗人李白的《梦游天姥吟留别》中“天姥连天向天横,势拔五岳掩赤城”而著称。天姥山不仅具有溪流、农田、高山针叶混合林、常绿阔叶林等多种典型生态系统和丰富的野外生物多样性,而且作为浙东“唐诗之路”的终点,其人文气息也很浓厚。

　　本书汇总了主要动植物类群分类特征,如对昆虫的口器、足、触角、翅膀类型等进行了汇总比较,对具有代表性的植物物种进行了精细解剖,便于学习者了解并掌握不同动植物类群的关键鉴别特征。本书收录的生物种类极为丰富,基本囊括了天姥山地区常见的动物和植物,是一本生物种类丰富的彩色图鉴。同时,参考新近的分类学研究进展,本书对一些种类的分类位置、学名或常用中文名进行了适当调整。在动植物标本制作部分,除对应的制作流程导图外,还附有相应的视频资源。本书为彩色印刷,图片精美,便于野外教学参考和使用。同时,依托天姥山生物学野外实践教学虚拟仿真(VR)实验项目,我们构建了完整的生物电子标本数据库和生态系统VR学习平台。同目或同科其他属物种及拓展知识在书中以二维码方式链接到数据库,能够激发使用者的学习积极性和主动性,提高对生物的形态特征、生长发育、遗传变异以及所处生态系统的认识。

　　本书是教学团队在多年从事植物学、动物学教学及生物学野外实习指导工作经验的基础上，参考了大量相关资料编写而成的。本书共分8章。第一章由张建行、任岗和沈文英编写，第二章由沈文英和祝尧荣编写，第三章由沈文英、任岗、罗育发、祝尧荣、金参、罗文、章晓栋、杨庆满编写，第四章由张建行、汤访评、杨国编写，第五章由汤访评编写，第六章由董丽佳、张建行、金参编写，第七章由沈文英编写，第八章由杨国编写。全书由沈文英、汤访评统一审改和定稿。此外，部分动物图片由赵锷、姚晔、田润刚和朱峰诚提供，在此表示感谢。

　　本书不仅具有精美的彩色图片，还有实时更新的电子彩色图片数据库，在满足物种鉴定需求的同时，还可以学习物种变异情况。本书可作为绍兴及浙中地区高等院校生物学野外实习的教材或参考书，亦可供本地区中小学生物研学、相关领域科考、林业农业等部门执法或植物爱好者使用。

　　鉴于编者的水平有限，加之时间仓促，文中不足与疏漏之处在所难免，恳请读者提出宝贵意见和建议，以便再版时修正。

目 录

第一章
野外实习基地的自然环境概况

第一节 天姥山自然概况

天姥山山脉,属浙闽低山丘陵,为天台山脉分支,经浙江省绍兴市新昌县中南部入境,纵贯新昌县中部。新昌县地处华夏古陆东北部,在中生代晚侏罗世前,长期隆起遭剥蚀,未见侏罗纪以前的沉积;晚侏罗世,受燕山运动影响,地壳下降,火山密集喷发,低洼处堆积大量碎屑;晚白垩世,燕山运动晚期,渐显新华夏系北北东构造。中生代末(约0.7亿年前),新华夏系构造定型后,侏罗系、白垩系地层中出现密集的北北东向断裂带,受东西向挤压,造成南北向构造,基本形成了县境地质构造面貌。

天姥山山脉主峰为笔架山(拔云尖),海拔818m。山体以酸、中酸性火山碎屑岩、晶屑熔凝灰岩等侵入岩为主;山脉走向15°～20°,倾角近直立。天姥山气候温和湿润,四季分明,地处中亚、北亚热带过渡区,属亚热带季风气候。区域内发育的土壤主要为红壤。

新昌长诏水库,现称沃洲湖,位于曹娥江支流新昌江上游,位于天姥山山脉北面。水库坝址以上有集雨面积276km²,总库容$1.89 \times 10^8 m^3$,正常库容$1.36 \times 10^8 m^3$,目前是绍兴地区第二大水库。白居易在《沃洲山禅院记》里称誉:"东南山水越为首,剡为面,沃洲天姥为眉目。"

第二节 天姥山常见植被类型和动物类群

天姥山植被属中亚热带常绿阔叶林,系浙闽山丘甜槠、木荷林植被区。被子植物137科1100余种,动物550余种。区域内以次生林为主,水平差异不大,垂直地带性表现较明显。

针叶林 主要分布于海拔700m以上的山地。一是天然林,主要树种有黄山松、金钱松、湿地松、火炬松、柳杉、栗类,林间有青冈、杜鹃、冬青、山楂,林下有悬钩子、山矾、蕨、茅草等。二是以马尾松为主的次生林,有杉木、檫木、板栗、白栎、青冈、映山红、檵木、胡枝子、算盘子等。

针阔混交林 主要分布于海拔500~700m的坡地上。有马尾松、杉木、柳杉、木荷、光皮桦、响叶杨、槭、楠木、楮类、枫香、冬青、水杉、泡桐等混交。林下有杜鹃、野山楂、野鸦椿、绣线菊、胡枝子等。

阔叶林 常绿阔叶林多分布于250~700m低山丘陵,有楮类、楠、青冈、木荷、樟、栎类等,杂以油茶、冬青等,林下有山苍子、山矾、山胡椒、杜鹃、檵木等。落叶阔叶林分布于低山和丘陵缓坡,有槭、锥栗、枫香、麻栎、檫木、刺楸、沙朴等,林下有化香、野山楂、金樱子、胡颓子、杜鹃、野葛等。常绿、落叶混交林也分布于低山和丘陵缓坡上,有木荷、麻栎、枫香、光皮桦、槭、响叶杨、樟、楮、沙朴、榔榆、黄檀、臭椿、檫木等。

竹林 主要分布于500m低山丘陵。低山区有毛竹、刚竹纯林或混生响叶杨、木荷、杉木、马尾松、光皮桦、檫木等。丘陵或缓坡、平原有刚竹、淡竹、红壳竹、青皮竹等,混生少量马尾松、檫木、枫香、枫杨等。

草灌丛 高山、低山均有,主要有禾本科、杜鹃花科、壳斗科、胡桃科、蕨等野生植物混生。

天姥山野生动物资源丰富,类属具有明显的山区特点。根据中国动物地理区划,天姥山地区位于东洋界中印亚界华中区的东部丘陵平原亚区,处于东洋界北缘,与古北界相邻,因此,天姥山的动物区系主要属于东洋界,也包含少量古北界成分。据统计,实习基地有记录的脊椎动物近320种。①鱼类约81种,其中鲤形目有3科62种,鲇形目有2科9种,合鳃鱼目有1科1种,鲈形目有6科9种。习见种有青鱼、草鱼、鲢鱼、鳙鱼、鲤鱼、鲫鱼、鳊鱼、鲂鱼、马口鱼、光唇鱼、宽鳍鱲及鳜鱼等。②两栖类动物24种,其中有尾目3科5属5种,无尾目6科17属19种。③爬行类41种,其中龟鳖目有3科5属5种,蛇目有3科20属29种,蜥蜴目有4科6属8种。④鸟类有137种左右,隶属15目44科。其中非雀形目鸟类41种,占全部鸟类的35.04%;雀形目76种,占64.96%。鸟类中,留鸟73种,占53%;冬候鸟42种,占31%;夏候鸟19种,占14%;旅鸟3种,占2%。记录的国家一级保护动物有东方白鹳、白枕鹤;二级保护动物有凤头鹰、松雀鹰、普通鵟、红隼、燕隼、领角鸮、斑头鸺鹠、小鸦鹃、画眉等。⑤哺乳类动物有38种,在动物地理区划上属于东洋界的种类有30种,占78.9%;属于古北界的种类有8种,占21.1%。常见种类有刺猬、猕猴、黑线姬鼠、小家鼠、褐家鼠、黑腹绒鼠、赤腹松鼠、中国豪猪、黄鼬、鼬獾、猪獾、华南兔、野猪、小鹿、黑鹿、鬣羚、穿山甲、长翼蝠等。

天姥山野外实习基地有记录的无脊椎动物约227种。①节肢动物220种,其中昆虫纲约15目204种,包括了重要的林木害虫、资源昆虫以及部分卫生害虫;蛛形纲蜘蛛目5科13种;倍足纲2种;甲壳纲1种。②软体动物7种,包括腹足纲3种,瓣鳃纲4种。

第二章
野外实习基本知识

第一节　野外实习的组织和准备

　　野外实习前的准备工作是顺利完成实习任务的重要保证。学生所在学院根据实习需要成立野外实习指导工作组,确定具体的实习时间、地点、人员安排。

　　实习前,野外实习指导工作组要做好动员工作,使学生认识到动植物野外实习的必要性和重要性,并集中向学生讲授野外实习的要求、学习方法、注意事项,以及动植物标本的采集制作和鉴定方法。同时要求学生通过学习通"动植物野外实习"课程网站,了解实习过程和方法;学习操作"动植物野外虚拟仿真"实验,初步了解实习地的自然地貌和物种资源状况,完成物种鉴定的测试。实习教师要提前考察实习目的地,进行备课,选择3~4条比较安全、动植物资源比较丰富、生物多样性比较典型、便于标本采集的野外实习路线。除了对实习内容进行周密安排外,野外实习指导工作组还应该在交通安全、野外住宿、突发事件处理等方面做好工作方案。

　　野外实习前,要准备好实习所需的仪器或工具、药品及相关书籍。①用于观察、测定和定位的仪器或工具,包括体视显微镜、望远镜、手持放大镜、载玻片、盖玻片、照相机、无人机、定位仪、海拔计、指南针、天平、卷尺、pH试纸等。②用于标本采集处理和制作的仪器或工具,包括采集网、捕虫网、拖网、刺网、撒网、鸟网、蛇钩、鼠笼、照明工具、量筒、烧杯、铁锹、枝剪、标本夹、标本盒、桶、采集袋、压纸、注射器、解剖工具、棉花、纱布、标签纸等。③实习中处理动植物标本所需的药品,包括95%乙醇、甲醛、防腐粉等。

　　野外实习过程中,学生们可能需要用到的医药用品包括治疗感冒、腹泻等的非处方药,以及药棉、风油精、创可贴、碘酒、蛇药等,有需要者自备一些特殊药品;个人用品包括雨具、运动鞋、长衣裤、厚袜、水壶、遮阳帽、笔和记录本等。

学生们需携带用于物种标本识别和鉴定的实习用书,包括动物学和植物学教材,野外实习指导书,《中国植物志》《浙江动物志》《浙江植物志》等各种志书,《华东种子植物检索手册》《中国植物精细解剖》《中国鸟类生态大图鉴》《中国昆虫生态大图鉴》《绍兴鸟类图谱》《绍兴两栖爬行动物图谱》,以及有关检索资料等。

第二节　生物学野外实习的目的、内容和要求

一、生物学野外实习的目的

生物学野外实习作为生命科学相关专业学生的专业基础实践课程,是动物学、植物学、生态学、微生物学等课程课堂教学的继续与深化,它可以在培养生命科学学科高素质创新型人才中发挥重要作用。通过动植物野外实习,可以巩固和提高学生的专业知识,培养学生的实践创新能力,陶冶学生热爱大自然的情操,培养学生的劳动能力和团队协作精神。社会主义的教育理念始终强调"德智体美劳"五育全面发展,劳动教育与德育、智育、体育和美育相互交织、有机联系。生物学野外实习课程通过融入劳动教育,让学生在劳动中发展自己,树立正确的劳动价值观、培养优良劳动品质、提升综合劳动能力、实现全面成长发展,从而做到"懂劳动、会劳动、善劳动、爱劳动"。

二、生物学野外实习的内容和要求

生物学野外实习要求学生学习和掌握动植物标本的采集、制作和物种鉴定方法;学习和掌握动植物的野外观察和识别方法;了解实习地地貌、植被、动物类群、生态环境,学习生物学野外研究的基本方法;参加包括日常生活劳动、农业生产劳动和服务性劳动等多种类型的劳动活动。

三、野外实习的考核

生物学野外实习考核既是督促学生学习和掌握各项实习技能的动力,也是检验实习效果的有效途径。野外实习考核需要采用多元化考核评价,全面反映学生的实习效果。生物学野外实习考核包括以下5个方面(表2-1)。

（一）野外实习虚拟仿真（VR）前导测试

在野外实习前，学生需要观看生物学野外实习虚拟仿真项目的整体介绍，了解野外实习的内容、要求、纪律等，完成前导测试题目，过关后才能参加野外实习。

（二）动植物标本识别

从采集制作好的动物标本中选择20～30种特征明显、结构完整的物种，要求学生写出各物种的目名、科名和种名；植物学指导老师在考试当天采集20～30种讲授和鉴定过的新鲜植物标本，要求学生写出各物种的科名和种名。

（三）电子标本上传

学生以小组为单位，在实习过程中完成指定动植物类群的拍摄，按照物种电子标本格式（图2-1）编辑好，实习结束后上传到课程虚拟仿真网站，经指导老师审核后充实到天姥山生物多样性数据库。

物种电子标本

班级________　　组成员________、________、________

物种名称（中文）：________　物种拉丁名：________

分类地位：________门，________纲，________目，________科，________属，________种

形态特征识别要点：____

____

____

____

分布地（采集地）生境类型________　　（图片）

典型外形图片

（包括物种完整个体、重要形态特征结构，不少于两张）

生活史短视频

采集地点：________，采集时间：________，采集人：________，鉴定人：________

图2-1　物种电子标本格式

(四)项目化课题汇报

学生以小组(4~5人)为单位,完成项目化课题研究报告,并于下学期初进行PPT汇报答辩。研究报告格式参照小论文格式撰写,包括题目、前言、研究方法、研究结果、讨论与感想、参考文献等。

(五)劳动教育评价

大学生的劳动教育需要培养学生的劳动态度、劳动习惯、劳动技能和劳动品德,因此生物学野外实习融合劳动教育的评价应采用多元考核评价方式,包括指导教师评价,学生互评,劳动基地种植、养殖业主评价。

表2-1 野外实习考核方式及分值

序号	教学环节	考核要求	分值
1	VR考核	通过VR通关考核后才能参加野外实习活动,可以多次通关,取最高成绩	10
2	标本鉴定	考核学生野外动植物标本的采集、制作和鉴定,鉴定植物标本若干种(写出科名、种名)和动物标本若干种(写出目、科、种名),考试方式为笔试	50
3	电子标本	完成指定分类阶元物种的照片和视频,按照电子标本格式上传至VR网站	20
4	项目研究	完成项目式课题研究,撰写小论文或研究报告,下学期初上交	10
5	劳动教育	实习期间参加生活劳动和生产劳动	10
总分			100

第三章
动物学野外实习

第一节　动物标本的采集与制作

一、昆虫标本的采集

（一）昆虫采集的时间和地点

昆虫种类繁多，生活习性各异，生活环境和活动规律区别大，因此，昆虫标本全年都可以采集。每年的5—9月为昆虫生长和活动旺盛期，是标本采集的有利时期。日出性昆虫活动最活跃的时间段为上午10时到下午3时；夜出性昆虫则在日落前后和夜间活动。昆虫标本采集地点要根据昆虫的种类和习性选择，因此，采集标本前应提前了解昆虫适宜的生态环境。凡植物丰富处，或靠近水源地，都是昆虫丰富地。

（二）昆虫采集的方法

应根据不同昆虫的生活习性，采用不同的措施进行捕捉。昆虫采集的常用方法包括观察法、网捕法、击落法、诱捕法（灯诱法、巴氏罐诱法）等。

观察法： 在不同环境中用眼看、耳听搜索昆虫。观察区域包括植物上、地表、泥土中、砖石下、朽木中、杂草腐叶下、动物粪便里等。许多昆虫生活隐蔽，如土蟀、蝼蛄、部分甲虫及幼虫生活在土中；天牛、象甲、吉丁虫、茎蜂等幼虫钻在植物茎秆中。昆虫采集后置于毒瓶中带回。

网捕法： 借助捕虫网（图3-1）采集昆虫标本，是最常用的采集昆虫标本的方法。采集快速飞行的昆虫时，捕虫网要逆着昆虫运动方向快速挥动。待昆虫进入网中后，迅速扭转网口以防昆虫逃脱。采集草丛或灌木丛中的昆虫时，用捕虫网横扫捕捉昆虫。采集水生昆虫时，可以两人配合，一人在上游拨水和泥沙入网,另一人在下游撑网、捞网;最后将昆虫从网底部取出,置于三角纸包或毒瓶中带回。

击落法:也称震落法,可以采用此法采集停留在枝梢、树叶上的昆虫和一些具"拟态"的昆虫,通过摇动和敲打树枝叶,使昆虫落到捕虫网中。

诱捕法:利用昆虫对一些物理或化学因素的趋性进行诱捕。如具有趋光性的昆虫采用灯诱的方法在夜间进行诱捕(灯诱法);具有趋化性的昆虫可用诱捕剂食物进行诱捕(巴氏罐诱法)。

灯诱法利用昆虫的趋光性诱捕昆虫,是捕捉夜行趋光昆虫的最常用方法。夜晚利用不同频率的诱光灯(图3-1),在灯旁挂一块白色幕布,灯光投向植被良好的环境,以此来引诱昆虫。也可以直接采用昆虫灯采集昆虫。

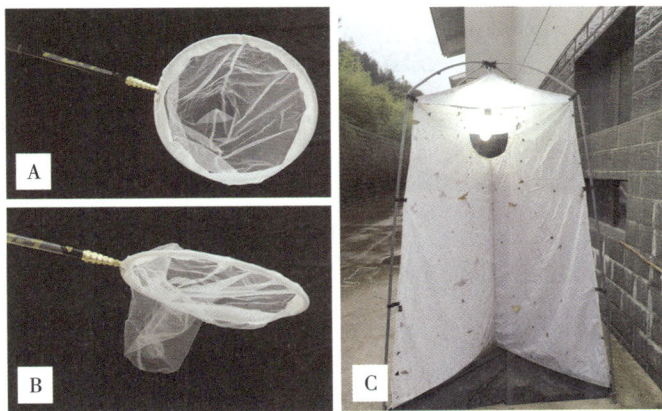

图3-1 昆虫标本采集工具
A.捕虫网;B.捕虫网的使用;C.诱光灯

地表昆虫可以采用巴氏罐诱法(鼓励学生自己制备巴氏罐),利用昆虫的趋化性诱捕昆虫。取一次性纸质或塑料水杯埋于地下,杯沿与地面齐平,加入引诱剂(醋:糖:酒精:水=2:1:1:2)40~60mL,放置2天以上,采集掉落到杯中的昆虫标本。

(三)昆虫的处理方法

捕捉到的不同昆虫标本要区别处理。翅型比较大的鳞翅目、蜻蜓目昆虫,用镊子或手从捕虫网外部轻捏胸部,使虫体窒息,然后取出虫体,将其两翅对叠,虫体腹部紧贴三角纸包斜边放入其中。蜂类和蟢类用镊子从捕虫网取出,放入毒瓶。其他昆虫直接用手从捕虫网取出放入毒瓶。昆虫标本处理用到的器材主要有三角纸包和毒瓶(图3-2),具体制作方法如下。

三角纸包:将A4纸大小的纸张横向对折,裁成长宽3:2的长方形,再对角折叠,边沿多余部分扣住即成。

毒瓶制作:用脱脂棉蘸上适量乙醚、氯仿或醋酸乙烷作毒剂,放在瓶底,上面盖一块硬纸板或薄塑料板,板上穿些小孔即制成毒瓶。也可以在塑料瓶中加50~100mL 75%酒精制成标本临时储存瓶。不可将大型和小型、较软和较硬的昆虫混放在一个毒瓶里,以防互相践踏碰撞而伤及虫体结构。

图3-2　昆虫标本处理工具
A.三角纸包；B.毒瓶

(四)昆虫标本采集的注意事项

全面采集,不要采大不采小、采美不采丑、采单不采双、采雄不采雌、采成不采幼等;要保持标本的完整性,尽量不损坏昆虫的翅、附肢、触角等结构,以便进行后续的标本鉴定;要正确、详细地记载,包括采集日期(年、月、日)、采集地点(省、县、乡)和采集人姓名等,有条件时可记下海拔高度、生境、寄主等;要爱护昆虫资源,特别应注意保护濒临灭绝的种类。

二、动物标本制作

动物标本可以作为直观教具、实验时的观察材料和科研中的重要材料,因此标本制作是动物学、分类学、生态学、比较解剖学等教学科研的重要环节。生物学野外实习需要将不同类型动物制作成标本。动物标本制作主要包括昆虫标本制作、浸制标本制作和剥制标本制作。

（一）针插法昆虫标本制作

标本制作工具和材料

昆虫针，展翅板，三级台，还软缸，标本盒，卡纸，胶水，镊子，昆虫标本

昆虫针：用于固定昆虫的不锈钢特制针。昆虫针根据粗细长短不同分为 7 种规格，即 00、0、1、2、3、4、5 号针。0 号针最细，直径为 0.3mm；00 号针是 0 号针自尖端向上 1/3 处剪断制成。昆虫针每增加 1 号，其直径增加 0.1mm。

针插标本制作

展翅板：翅型较大的鳞翅目、蜻蜓目等的昆虫，需要用展翅板伸展昆虫翅膀，便于观察翅型和翅脉结构，展翅板一般由软木质或泡沫板制作而成。

三级台：采用三级台固定昆虫标本和标签在昆虫针上的位置，使其高度保持一致。三级台一般用软木材或泡沫板制成，长 7.5cm，宽 2.4cm，高 2.4cm，分为三级，每级高 0.8cm。

还软缸：用于还软采集时间较久、已经硬化的昆虫标本的玻璃器皿。一般采用干燥器或广口瓶。

标本盒：用于保存针插标本的纸质或木质盒子，盒盖须透明，便于观察标本特征。

标本材料：制作标本的昆虫要具有完整性（不损坏触角、翅、附肢等重要结构）和全面性（包括不同生活史阶段、不同性别的虫体），同时附上详细的采集信息（采集时间、地点、环境等）。

标本制作步骤

（1）昆虫标本还软

对于采集到的来不及处理、已硬化的昆虫或变形的插针标本，应还软后再制作成标本，以免损伤触角、翅和附肢。还软缸底部铺上湿沙，把需要还软的标本连同纸袋放入还软缸内 2～3 天即可。如果是当天采集的昆虫制作标本可忽略这一步。

（2）针插

选择大小合适的昆虫针，从昆虫中胸部位垂直向下插入。不同昆虫类群的针插位置稍有不同，均以不损坏虫体结构和使标本平衡为准。鳞翅目、蜻蜓目、双翅目和膜翅目昆虫从中胸背板中央插针；鞘翅目和半翅目昆虫从小盾片中央右侧与右翅间插针;直翅目、同翅目和螳螂目昆虫从中胸背板偏右插针。

针插后利用三级台调整昆虫和标签(包括鉴定信息和采集信息)在昆虫针上的位置,使其放置到昆虫盒里时整齐美观。

三级台使用方法:先将插有虫体的昆虫针倒置插入第一级孔内,使针上的虫体位于第一级高度,然后取下插到泡沫板。虫体风干后从泡沫板取下,再插上标签。将标签调整到三级台的第二级高度,最后插入昆虫盒内永久保存。

对于微小的昆虫,为避免针插对虫体的破坏,可采用微虫针刺法和三角纸胶粘法制备标本。微虫针刺法,也称重插法,是先在普通昆虫针上插三角纸片,再将微小昆虫用00号昆虫针穿插到三角纸片上(图3-3)。三角纸胶粘法是在三角纸片尖端涂上透明胶水,再将微小昆虫粘上去。

将某种昆虫的各态(卵、幼虫、蛹、成虫)及其寄主的被害部分,或相似生活性的昆虫标本,装在同一个玻璃标本盒内,称为生态标本。

图3-3 昆虫标本制作工具
A.展翅板;B.三级台;C.三角纸片

(3)整姿和展翅

针插后对昆虫进行整姿,即整形,把触角、附肢、翅和腹部等整理成近自然状态。大个体昆虫还需解剖取出内脏,填充适量棉花,或者向虫体腹部注射10%甲醛,以防腐烂。其中翅型较大的鳞翅目和蜻蜓目,针插后需要利用展翅板进行展翅。展翅前,先调整展翅板沟槽大小,使其与虫体大小适宜为准;将针插好的昆虫插入展翅板沟槽内,调整虫体位置,使翅基部与沟面持平。展翅时,鳞翅目前翅后缘较平直,以2个前翅后缘成一直线为准,即前翅后缘与虫体垂直;蜻蜓目前翅后缘呈弧形,以2个后翅前缘成一直线为准,即后翅前缘与虫体垂直。展翅后,用纸条压翅,并用大头针固定。最后整理触角、头部和腹部,腹部较长的虫体需要用大头针横向固定,或者在腹部下方垫一棉球,防止腹部下垂。

(二)浸制标本制作

浸制标本适用于躯体和内脏水分多、干燥后易变形的动物,如软体动物、昆虫幼虫、多足纲、鱼类、两栖类、爬行类以及各种内脏器官的固定。采用酒精和福尔马林等试剂做保存液,将标本固定保存,以防腐烂。浸制标本可以保持动物形态结构的完整性,并易于长期保存。浸制标本包括整体浸制标本、内脏器官解剖浸制标本、胚胎发育浸制标本、比较解剖浸制标本等类型。

浸制标本制作

标本制作工具和材料
防腐液、玻璃片、解剖盘、标本瓶、纱布、脱脂棉、胶带等

不同类型浸制标本采用不同配方的防腐液。

● 10% 福尔马林:福尔马林(40% 甲醛溶液):水以 1:9 混合,用于整体标本固定。有光泽外壳的动物,如瓣鳃纲、甲壳纲等,最好用 75% 酒精固定保存,以免外壳失去光泽。

● 50% 福尔马林:福尔马林 50 mL 和 75% 酒精 50 mL 混合,加适量(0.5%～1%)甘油,用于内脏器官解剖标本、比较解剖标本的固定。

● 25% 福尔马林:苦味酸饱和溶液 70mL、福尔马林 25mL、醋酸 5mL 混合,用于固定文昌鱼、蛙等胚胎发育的整体标本。

标本制作步骤(以整体浸制标本为例)

(1)处死和整理

选择体型适中且完好的新鲜活鱼或蟾蜍等作为标本材料,鱼用纱布干燥致死,蟾蜍等用脱脂棉浸乙醚、氯仿等麻醉致死,然后将标本材料整理成生活状态的姿态。鱼需要将背鳍、臀鳍、腹鳍和尾鳍展开,用纸板和回形针将鳍骨固定。蟾蜍等将四肢摆放近自然状态,用大头针固定在蜡盘上。

(2)防腐固定

清洗标本材料体表,用注射针从腹部注射 10% 福尔马林,固定内脏,以防腐烂。将标本置于解剖盘中,然后加入 10% 福尔马林,浸没标本,临时固定至标本硬化。野外实习采集到的标本可以先用 75% 酒精临时固定,带回学校后,再采用 10% 福尔马林永久固定。

(3)装瓶保存

固定好的标本放入大小适当的标本瓶,头朝下,用玻璃片固定胸部、四肢和尾部,注入 10% 福尔马林至瓶满,盖严封实。最后贴上标签,注明科名、种名、中文名、采集地、时间、采集人等。

(三)剥制标本制作

剥制标本是将动物皮张连同上面的毛发、羽毛、鳞片等衍生物一同剥下制成的标本,适用于外皮水分含量较少且容易干燥的哺乳动物、鸟类、大型爬行类、两栖类、鱼类。剥制标本分为真剥制标本和假剥制标本。真剥制标本将动物皮张还原成生活姿态加以展示,即姿态标本,适于研究和观赏。假剥制标本只完成剥皮过程,简单地展示皮张上体现的特征,不还原姿态,适于物种亚种的鉴别。相对于浸制标本,剥制标本能呈现出比较真实生动的自然姿态,不仅使标本栩栩如生,而且不易褪色,方便搬运。

剥制标本制作

标本制作工具和材料

解剖工具、量尺、铁丝、棉花、针线等;

防腐粉:常用砒霜(三氧化二砷),剧毒;

改良防腐粉:硼酸防腐粉,无毒,硼酸:明矾:樟脑=5:3:2

标本制作步骤

(1)标本材料的选择和测量

一个标本的好坏,首先取决于材料的优劣,因而标本材料的选择是非常重要的一环。用于制作剥制标本的材料必须经过严格检查,一般要求无变质、无脱毛或脱羽、皮肤无损、爪和喙齐全的完整个体材料,力求新鲜。兽类是否新鲜的检查方法是:用手指略微用力拉面颊和腹部无脱毛现象,其他部位皮肤和毛发完好。动物活体则需在剥制前1~3h处死,且处死方法不能影响制成标本后的美观。

用于制作剥制标本的动物一般需要进行测量和记录,作为标本支架的制作依据,并记录采集地、时间和性别等。如哺乳动物需要测量肩高、臀高、颈长、颈围、胸围、腰围、前后肢的最大围、从肩胛骨到股间的间距等;鸟类需要测量体长、翼长、尾长、颈长等。

(2)剥离皮肤

脊椎动物的体形差异很大,剥制方法需根据具体情况决定。哺乳类和鸟类一般采用胸开法和腹开法。

剥制过程:沿胸腹部剪开口2～3cm,剥离至两侧;剥离后肢,截断股骨基部,留下股骨;在肛门内侧剪断直肠和尾椎;皮肤向背部翻转,剥离腰部、背部至肩胛骨,在肱骨处截断,留下肱骨;剥离耳道、眼球、嘴唇,保留头骨,剔除四肢和头骨肌肉以及皮肤内侧脂肪。

剥制过程须注意:

①在夏天气温较高时,剥制前最好在冰箱里冷却一下,有利于剥离。

②头部、尾部和四肢一般是剥离皮肤的关键,这些部位常常不易剥离,容易发生皮肤破损,所以剥离时应非常小心谨慎。

在剥离头部时要注意耳部的结构,需用解剖刀紧贴耳道割离。在剥至眼球时更需小心谨慎,切不可割破眼睑,以免影响标本的美观。在剥至上下唇的前端时,一般只需保留少许唇皮与头骨相连即可。有些种类还需颈背面和茸角周围剖开,茸角周围的剖线切不可在角基剖,一般离基部1cm左右,以便缝合。鸟类头部剥离方法与哺乳类相似,剖线到能取出头为止。

兽类四肢剥至胫掌部的趾骨为止。鸟类脚剥到胫跗骨,翼部一般剥到桡侧腕骨;若需要展翼,剥离肱骨即可,尺骨、桡骨部位可注射一些防腐液。

兽类在尾部剥离时,应左手持起尾椎骨,右手拇指、食指的指甲紧扣尾基部,逐渐剥下后取掉尾椎。有的种类可以用抽取尾椎的方法(如鼠类等),但都不能用力过猛。对于尾长而粗的种类,可在尾基部腹面向尾端剖开,剖线尽可能短一些。鸟类一般在尾椎骨切断,保留尾椎骨。

③剥离后尽可能除去头骨、四肢的肌肉、肌腱、脑及其他结缔组织,同时必须除净皮肤内的脂肪。除去鸟类皮肤内脂肪时必须小心,谨防剪破皮肤。耳朵较大的还需除掉耳朵的软骨,软骨用硬塑料代替。

(3)毛皮的防腐处理

皮张的防腐处理非常重要,直接影响到标本的保存寿命。将剥好的皮张用洗洁精洗干净后稍沥干水分,即浸泡入75%酒精中。刚浸泡时须多次翻动皮张,谨防皮张部分重叠妨碍酒精的渗入造成皮张局部变质。2～4周处理后,取出皮张,用清水冲洗,搓软皮张后沥干,再移入无水酒精中浸1～2h后取出沥干。沥干后皮张需用硼酸防腐粉涂搽毛皮内侧,叠合摩擦,使防腐粉彻底渗透入皮肤。

(4)填充(以大型哺乳动物的填充为例)

经过防腐处理后的皮张,应马上装填,填充材料可根据动物生活时的形状来选择。因为干燥后皮肤收缩较大,一般选用棕丝、棉花填充,并用橡皮泥、塑料等材料进行一些有益的补充。先做一个木制躯体框架,其大小和长度根据动物的体型大小决定;再取四根铁杆作四肢,长度根据测量结果适当加长,每根铁杆的一端绞好螺纹,并固定在台板上。应注意的是,头骨、颈部与主板固定时不能有任何松动。支架做好后套上皮张,进行填充。肢和尾等可按各自的形态,用棉花或棕丝由远及近进行填充——头部、颈部、背部、尾部、四肢、胸腹部,此时应注意关节的形状。在仔细检查各部位后进行缝合。中小型兽类可用一个适当的躯体铅丝支架,并从头到尾按顺序进行填充。填充时务必均匀、协调、适当,比实际形状丰满,待干燥后收缩至正常体形。同时要注意唇部、面部、眼眶、四肢、腿部这些较难充填的部位。如果头骨用作分类研究,可采用新雕成的模型代替,然后将一根铅丝(长度为吻至股部两倍加尾长的支架铅丝)折成一长一短(长的做尾的支架),稍锉尖后沿头模吻部两侧插入模枕孔位伸出,抽紧铅丝顺绞数圈,然后用两根适当长度的铅丝做一个动物支架,再进行填充。

(5)整形

整形是标本制作过程中关键且不易掌握的环节,所以平时应做有心人,在野外和动物园仔细观察各种动物行为、生活习性和形态特征,并参考动物图谱,尽可能把标本的形象做成该动物生活时刻的形态。先确定标本的姿态,然后检查各部位,如有不足,可用手稍作揉、捏等矫正。如吻部长而色泽明显,可考虑用油画颜料调色后涂于吻部,使吻部保持实际生活时的颜色;眼眶中装上义眼,并用镊子将眼睑整圆;耳用纸板或硬塑料来固定;最后用清漆调稀涂在指、爪、唇等部位。鸟类整形时先确定标本姿态,然后用镊子整理羽毛,如湿法制作的标本,可用电吹风机边吹边整理,最后将调稀的清漆涂在爪、脚、喙等部位。标本制作完毕放入标本柜,并放入一些樟脑丸。

(四)水晶滴胶昆虫标本制作

昆虫标本是高等院校进行昆虫研究和教学不可或缺的实验和教学材料,具有直接美观、便于教学等特点。昆虫标本的制作和保存方法一直在不断探索改进中,现有的昆虫标本制作保存方法存在种种弊端,无法将标本以最佳形态保存,因此在应用教学中存在诸多不便。传统的昆虫标本制作技术有针插法、浸渍法、松香包埋技术及脲醛树脂包埋技术。针插法操作简便,由于标本与空气接触,易受潮、易遭虫蛀;浸渍法制作过程中利用多种试剂,制作烦琐,将昆虫处理后不易保留虫体本色;脲醛树脂包埋技术制作过程复杂,且费工费料,虽制作出的标本生动美观,但对保存条件要求较高;松香包埋技术成品质量差,硬度低,易碎、易熔化,且松香液温度较高,容易把标本煎焦,还有成本高、透明度低等缺点。

采用水晶滴胶(环氧树脂)制作昆虫标本,具有易保存、透明度高、硬度高、制作简单且无毒无污染的优点。利用水晶滴胶制作出的昆虫标本形态生动逼真、色彩亮丽,克服了传统昆虫标本制作存在的标本易碎、不透明等问题,具有很高的观赏价值,同时也可以作为教学用具、纪念品、装饰品等。原理:由热塑性线型的环氧树脂(A组分)和硬化剂(B组分)组成,主要成分是环氧树脂、苯甲醇、聚醚氨。混合型水晶滴胶A、B胶混合后,使线型环氧树脂分子交联成网状结构的大分子。

标本制作工具和材料

混合型水晶滴胶A、B胶,玻璃棒,烧杯,量筒,注射器,硅胶模具,磨砂纸,小锉刀,昆虫标本,植物标本

标本制作步骤

(1)调制滴胶

将混合型水晶滴胶A、B胶按重量比3∶1或体积比2.5∶1的比例混合,倒入烧杯中,用玻璃棒轻轻搅拌(3~5min),使其混合均匀。搅拌时应当缓慢、同方向进行,以避免搅拌不均匀问题,同时可减少气泡的出现。继续静置待气泡消失(约15min)。混合型水晶滴胶A、B胶在配制时应当确保比例精准。若A胶过多,会导致胶体变软,甚至无法凝固;若B胶过多,则会导致胶体变脆,使标本易碎。

(2)包埋昆虫

选择形状大小合适的模具,将配制好的水晶滴胶缓慢注入干净的模具中,然后将昆虫小心地放在滴胶上,再继续注入滴胶直至倒满模具。若昆虫标本比较轻,可采用分层注胶法,将制备好的滴胶倒入模具一半的位置,把所需的虫体放入其中,静置约4h,待下层胶体基本能将虫体固定好不再上浮,再制备第二份滴胶,进行剩余体积的填充。操作过程中若产生气泡,可用针头挑出或用注射器吸出。

(3)固化和脱模

滴胶固化时间和温度相关,15、25、35℃下,滴胶固化时间分别为36、24、20h。滴胶完全凝固后将其从模具中取出,硅胶模具柔软,内表面光滑,较易脱模。若遇到脱模困难时,可往模具中滴加少量清水。

（4）打磨和抛光

脱模后获得滴胶标本成品。仔细观察标本会发现，标本表面边缘会有一圈锋利的突起。这是由于滴胶在固化过程中往内收缩，模具边缘由于表面张力而回缩较慢，因此形成了锋利的突起。这些突起可用小锉刀磨去，再用磨砂纸抛光。

第二节　检索表的使用和编制

动物分类检索表（identification key）用于区分动物各分类阶元。它是开展动物分类工作的重要工具和基础，也称为生物字典。在动物学野外实习中，需要对动物标本进行分类和鉴定，因此我们需要熟练掌握检索表的使用和编制方法。

一、检索表的类型及使用

常见的检索表类型有双项式、单项式和退格式3种。

（一）双项式检索表

检索表使用和编制

双项式检索表也称二歧式、平行式分类检索表，每一项两个相对性状的叙述内容都写在相邻的两行中，两两平行，把同一类别的动物，根据一对或几对相对性状的区别，分成相对应的两个分支。接着，再根据另一对或几对相对性状，把上面的每个分支分成对应的两个分支，好像二歧式分支一样。如此，逐级排列下去，直到编制出包括全部动物类群的分类检索表。使用双项式检索表时，根据所鉴定的对象符合哪一项，就按哪一项所指示的条数继续向下检索，直到检索到其名称为止，总条数为所含种类数减1（即 $n-1$）。动物分类最常用的是二歧式分类检索表（dichotomous classification identification key），如下列二歧式脊椎动物分类检索表。

1. 体表被毛发或羽毛，恒温 ………………………………………… 2
   体表无毛发或羽毛，变温 ………………………………………… 3
2. 胎生 ……………………………………………………………… 哺乳纲
   卵生 ……………………………………………………………… 鸟纲
3. 表皮干燥，具有羊膜卵 …………………………………………… 爬行纲
   表皮湿润，无羊膜卵，体外受精 ………………………………… 4
4. 幼体水生，鳃呼吸，成体水生或陆生，肺呼吸 ………………… 两栖纲
   幼体和成体均水生，鳃呼吸 ……………………………………… 5

5.有上下颌,有偶鳍和奇鳍 ·································· 鱼纲

　无上下颌,无偶鳍,只有奇鳍 ························· 原口纲

(二)单项式检索表

单项式检索表也称连续式分类检索表,将一对互相区别的特征用两个不同的序号表示,其中后一序号加括弧,以表示它们是相对比的项目。以此类推,直到查明其分类等级。使用单项式检索表时,所鉴定对象的特征若符合前一序号,就连续向下检索;若不符合,就检索其后括号中的序号,总条数为所含种类数的2倍减2(即$2n-2$),如下列单项式脊椎动物分类检索表。

1(4)体表有羽毛或毛发,恒温

2(3)胎生哺乳纲

3(2)卵生 ·· 鸟纲

4(1)体表无羽毛,变温

5(6)表皮干燥,具有羊膜卵 ···························· 爬行纲

6(5)表皮湿润,无羊膜卵,体外受精

7(8)幼体水生,鳃呼吸,成体水生或陆生,肺呼吸 ········· 两栖纲

8(9)幼体和成体均水生,鳃呼吸

9(10)有上下颌,有偶鳍和奇鳍 ························· 鱼纲

10(9)无上下颌,无偶鳍,只有奇鳍 ···················· 原口纲

(三)退格式检索表

退格式检索表也叫定距式或包孕式分类检索表。在编排时,每两个相对应的分支的开头,都编在离左端同等距离的地方;每一个分支的下面,相对应的两个分支的开头,比原分支向右移一个字格,这样编排下去,直到编制的终点为止。退格式检索表一般仅在包含种类数较少时应用,具有层次清晰的优点,在种类数较多的情况下不宜应用。

1.体表被毛发或羽毛,恒温

　2.胎生·· 哺乳纲

　2.卵生·· 鸟纲

1.体表无毛发或羽毛,变温

　3.表皮干燥,具有羊膜卵 ···························· 爬行纲

　3.表皮湿润,无羊膜卵,体外受精

4.幼体水生,鳃呼吸,成体水生或陆生,肺呼吸 ······················· 两栖纲

4.幼体和成体均水生,鳃呼吸

5.有上下颌,有偶鳍和奇鳍 ····················· 鱼纲

5.无上下颌,无偶鳍,只有奇鳍 ····················· 原口纲

使用检索表时都必须从第1条开始查起,绝不能从中间插入,以避免误入歧途。另外,由于检索表受文字篇幅限制,不能包括所有特征,我们在进行种类鉴定时,不能完全依赖检索表,必要时需查阅有关分类专著与文献中的全面特征描述。

二、检索表的编制方法

编制检索表,首先要掌握需编制动物的分类形态特征,然后找出各分类阶元间的共同特征和主要区别。编制时采用对比分析和归纳的方法,从分类对象总体(目、科、属或种等不同阶元)的特征中筛选出重要、显著而稳定的特征,根据最明显的相对特征把分类对象划分为对应的AB组,每组再根据其他的相对特征划分为对应的AB组,依此划分直至目的分类阶元为止(图3-4)。

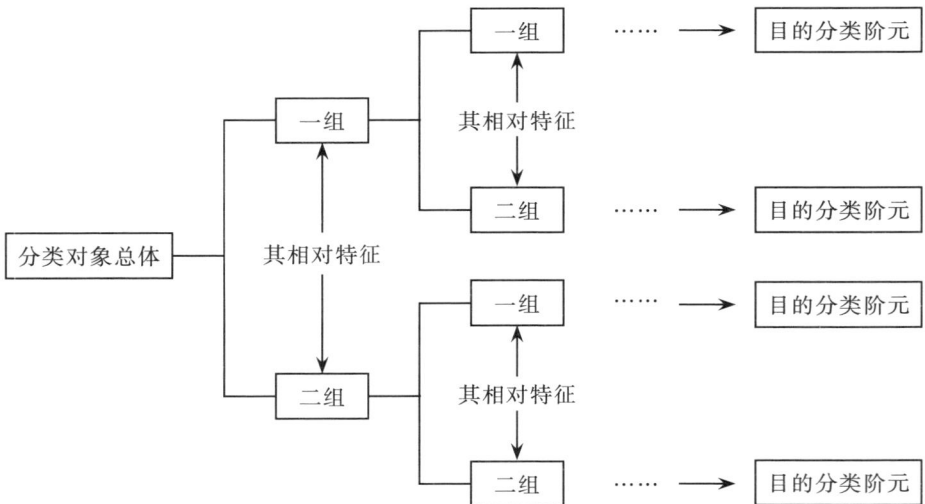

图 3-4 检索表的编制原理
(修改自宁应之,2014)

　　动物分类最常用的是二歧式分类检索表,现以昆虫纲蜚蠊目、螳螂目、鳞翅目、蜻蜓目、直翅目、同翅目、半翅目、鞘翅目、膜翅目、双翅目、脉翅目等11个目为例,编制二歧式分类检索表。

　　首先对11个目的分类特征进行比较分析,归纳出主要的区别特征(表3-1),供制作检索表时选择使用。

表3-1　昆虫纲11个目主要特征比较

目名	口器类型	翅	变态类型	其他特征
蜻蜓目	咀嚼式	膜翅	半变态	眼大,触角短小,腹部细长
螳螂目	咀嚼式	革翅	渐变态	足适于捕获,头胸部成一角度
蜚蠊目	咀嚼式	革翅	渐变态	足适于疾走,头胸部成一直线
鞘翅目	咀嚼式	鞘翅	完全变态	前胸大中胸小
直翅目	咀嚼式	革翅	渐变态	后足适于跳跃或前足适于挖掘
脉翅目	咀嚼式	膜翅,翅脉网状	渐变态	触角长
膜翅目	嚼吸式或咀嚼式	膜翅	完全变态	腹部基部狭小
同翅目	刺吸式	膜翅	渐变态	口器在头腹面向后伸出
半翅目	刺吸式	半鞘翅	渐变态	口器在头前端伸出
双翅目	刺吸式或舐吸式	膜翅,后翅退化为平衡棒	完全变态	复眼大,披毛
鳞翅目	虹吸式	鳞翅	完全变态	

　　以昆虫11个目为例编制二歧式分类检索表如下。

　　1.口器为咀嚼式或嚼吸式 ················· 2
　　　　口器为刺吸式、舐吸式或虹吸式 ················· 8
　　2.翅为膜翅 ················· 3
　　　　翅为革翅或鞘翅 ················· 5
　　3.变态方式为完全变态 ················· 膜翅目
　　　　变态方式为渐变态或半变态 ················· 4
　　4.翅脉网状明显,触角长 ················· 脉翅目
　　　　眼大,触角短小,腹部细长 ················· 蜻蜓目

第三节　动物的识别和鉴定
——昆虫纲分类特征精细结构

昆虫纲分目的常用重要分类特征包括口器、翅、足、触角和变态类型等。

一、不同类型的口器

昆虫的口器由上唇(labrum)、舌(hypopharynx)、大颚(mandible)、小颚(maxilla)、下唇(labium)5部分组成(图3-5),其中上唇、舌属于头部结构,大颚、小颚、下唇由头部附肢特化形成。根据食性不同分为5种口器类型(图3-6)。

咀嚼式口器(chewing mouthparts):最基本的口器类型,以固体物为食物。如蝗虫的口器。

刺吸式口器(piercing-sucking mouthparts):口器形成针状的管,用以吸食食物内的液汁,如蚊子、蝉、椿象等的口器。

嚼吸式口器(chewing-lapping mouthparts):大颚用于咀嚼,小颚外叶和下唇须构成食物管,借以吸取花蜜,如蜜蜂的口器。

舐吸式口器(sponging mouthparts):上下颚退化,头部和下唇构成吻,用于收集食物表面液汁,上唇和舌包入下唇形成食物道,如苍蝇的口器。

虹吸式口器(siphoning mouthparts):上颚和下唇退化,小颚外叶合抱成长管状,盘曲在头部前下方,用时伸长吸取花蜜等,如蛾、蝶类的口器。

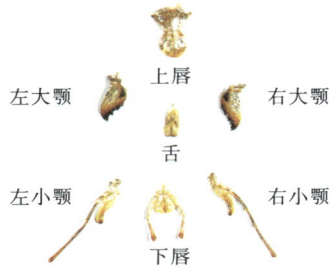

图 3-5　咀嚼式口器精细结构解剖图

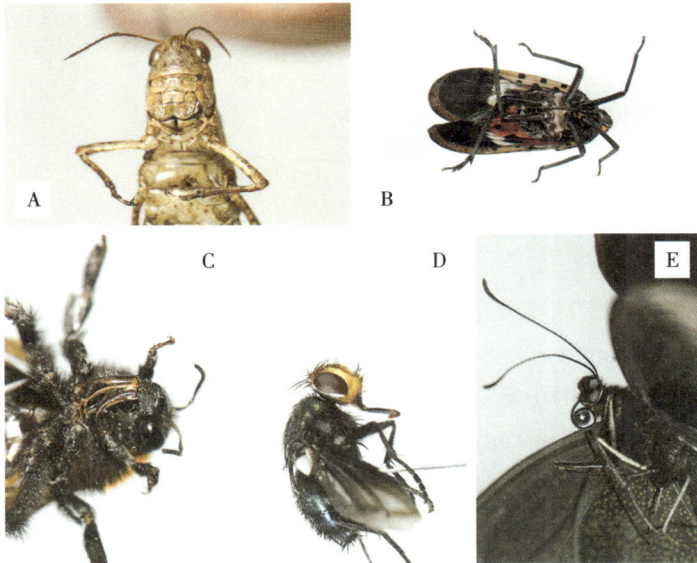

图 3-6　昆虫口器类型

A.咀嚼式口器；B.刺吸式口器；C.嚼吸式口器；D.舐吸式口器；E.虹吸式口器

二、不同类型的足

足从基部到端部依次分为6节：基节、转节、腿节、胫节、肘节、前肘节（图3-7）。

基节（coxa）：位于最基部，最为粗壮，与体壁连接形成关节窝。

转节（trochanter）：最短小，前与基节通过关节相连，后与腿节一般连接，不活动，1~2节。

腿节（femer）：最长最大，端部通过关节与胫节相连。

胫节（tibia）：细长，可上下活动，表面常有成排的刺。

肘节（tarsus）：细长，分为2～5个亚节，亚节间以膜相连，可以活动。

前肘节（pretarsus）：原尾目昆虫保留单一的爪状结构，其他昆虫包括一对爪和一个膜质的中垫。

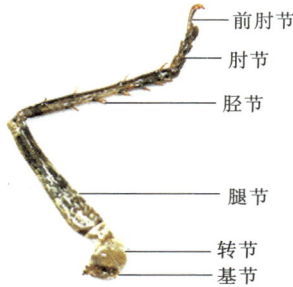

图 3-7　步行足结构解剖图

为适应不同生活环境和生活习性，昆虫具有不同类型的足（图3-8）。

步行足（walking legs）：最普遍的一类足，较细长，各节无显著特化，适于行走，如蜻蜓目、直翅目的中足。

跳跃足（jumping legs）：由后足特化，腿节特别膨大，胫节细长。在肌肉的强大作用下，折贴于腿节下的胫节突然伸直，虫体可以向前向上跃进。如蝗虫的后足。

游泳足（swimming legs）：水生昆虫的后足特化成浆状，边缘有长的缘毛，用于划水。如龙虱、仰泳蝽的后足。

携粉足（pollen-carring legs）：蜜蜂后足特化成采集和携带花粉的携粉足，胫节宽扁，两边有长毛，环抱形成携带花粉的花粉篮。其第一肘节内侧有10～12列横排硬毛形成的花粉刷，用以刷刮附着在身上的花粉。

捕捉足（grasping legs）：由捕食性昆虫前足特化形成，如螳螂的前足。其基节延长，腿节腹面有槽，胫节可以折嵌入腿节槽内，形似折刀，用于捕捉昆虫；腿节和胫节两侧还会有刺列，防止猎物逃脱。

抱握足（clasping legs）：肘节膨大，上有吸盘状构造，交配时用以抱握雌虫，如雄龙虱的前足，或用于抱握摄食昆虫，如食虫虻的前足。

开掘足（digging legs）：一般由土壤昆虫的前足特化形成，胫节阔扁有齿，适于挖掘，如蝼蛄的前足。

攀缘足（clinging legs）：这是生活在毛发上的虱类特有的足类型，前肘节的钩状爪和胫节端部指状突起，紧密连接成钳状结构，用以夹住寄主毛发。

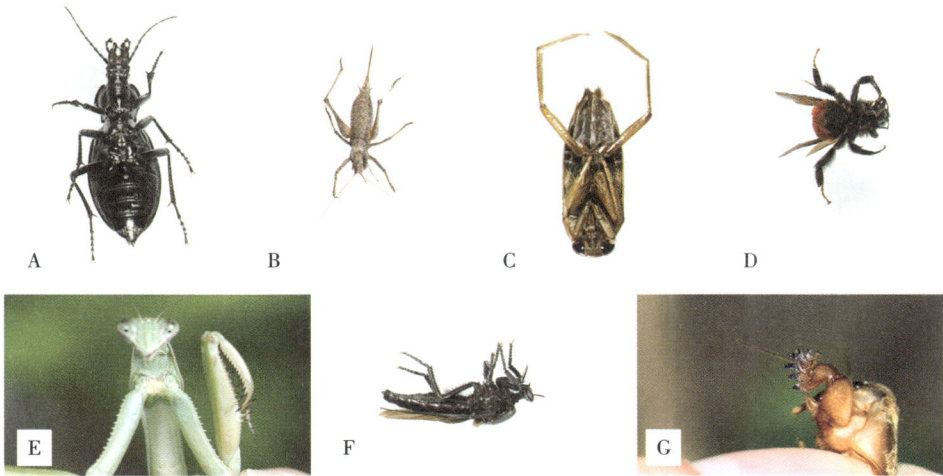

图 3-8　昆虫足类型
A.步行足；B.跳跃足；C.游泳足；D.携粉足；E.捕捉足；F.抱握足；G.开掘足

三、不同类型的翅

大多数昆虫的中胸和后胸各有一对翅，翅的出现使昆虫更易于逃避敌害，寻求有利的生存环境，这是昆虫繁荣昌盛的重要因素之一。昆虫具有不同类型的翅（图3-9）。

膜翅（membranous wing）：薄而透明，膜质，翅脉清晰可见。如蜂类、蚁类的翅。

革翅或复翅（tegmen wing）：前翅如皮革状，半透明，翅脉可见，后翅膜质。如蝗虫的翅。

鳞翅（lepidotic wing）：膜质，表面密被毛特化成的鳞片，如蝶类的翅。

平衡棒（malleoli）：后翅退化形成棒状或勺状，前翅膜质，如蚊、蝇类的翅。

鞘翅（elytron wing）：前翅角质加厚并硬化，不透明，翅脉不可见，后翅膜质。如金龟子的翅。

半鞘翅（hemielytron wing）：前翅仅基部加厚硬化为鞘质或革质，端半部为膜质。如蜻类的翅。

缨翅(fringed wing)：膜质，狭长，边缘着生成列缨状毛。如蓟马的翅。

毛翅(pilifelous wing)：膜质，表面密被刚毛。如石蚕蛾的翅。

图 3-9　昆虫翅类型
A.膜翅；B.革翅；C.鳞翅；D.平衡棒；E.鞘翅；F.半鞘翅

四、不同类型的触角

除原尾目无触角外，昆虫纲一般有一对触角(antennae)，着生在额区。触角是由附肢特化形成的具有感觉功能的结构，由柄节、梗节、鞭节3部分组成。鞭节分为若干亚节，不同昆虫的鞭节形态变化大，形成不同类型触角(图3-10)。

丝状或**线状触角**(filiform)：细长如丝，鞭节各节大小一致，形状相似，末端微微缩小。如蝗虫、螽斯的触角。

栉齿状或**梳状触角**(pectinate)：鞭节各节向一侧或两侧突出很长，似一把梳子。如绿豆象、雄毒蛾的触角。

念珠状触角(moniliform)：鞭节各节大小相近，状如圆球，全体好似一串珠子。如白蚁的触角。

棒状触角(capitate)或**棍棒状触角**(clavate)：鞭节基部细长如丝，鞭节端部数节骤然膨大成锤状，似棒球杆。如郭公虫、蝶类的触角。

膝状触角(geniculate)：柄节长梗节短，两者间成膝状弯曲。如蚂蚁、象甲的触角。

环毛状触角(whorled)：鞭节各节有一圈细毛，愈近基部毛愈长。如雄库蚊、雄摇蚊的触角。

　　具芒状触角（aristate）：触角很短，鞭节一节，膨大，上有一刚毛状结构。这是蝇类特有触角。

　　羽状触角（plumose）：鞭节各节向两边突出成细丝状，像羽毛。如雄蚕蛾的触角。

　　锯齿状触角或**鞭状触角**（serrate）：鞭节各节端部向两侧凸起，如同一条鞭子或锯条。如天牛、瓢虫、叶甲的触角。

　　鳃状触角（lamellate）：鞭节端部3～7节向一侧延展成薄片状，状如鱼鳃。如金龟类的触角。

　　刚毛状触角（setaceous）：触角很短，柄节、梗节粗，鞭节纤细如刚毛。如蜻蜓、蝉的触角。

图3-10　昆虫触角类型
　A.丝状触角；B.线状触角；C.栉齿状触角；D.念珠状触角；E.棒状触角；F.膝状触角；
　G.环毛状触角；H.具芒状触角；I.羽状触角；J.锯齿状触角；K.鳃状触角；L.刚毛状触角

五、不同类型的变态类型

(一)无变态(ametaboly)

幼虫与成虫间的区别,除幼虫身体较小、性腺没成熟外,其他差异不大,仅发生细微变化。分为增节变态、表变态和原变态。

● **增节变态**(anamorphosis):原尾目昆虫具有的变态类型。幼虫身体较小、性腺没成熟,成虫腹部的体节逐渐增加。

● **表变态**(epimorphosis):弹尾目、双尾目、缨尾目具有的变态类型。幼虫身体较小、性腺没成熟,成虫的触角和尾须节数增多、鳞片增多和刚毛增长。

● **原变态**(prometamorphosis):蜉蝣目特有的变态类型,从幼虫期到成虫期间有一个短暂的亚成虫期,亚成虫性成熟,体色暗淡,翅不透明,后端有毛。

(二)不完全变态(heterometabola)

生活史包括卵期、幼虫期、成虫期三个虫期,没有蛹期。根据幼虫和成虫生活习性和结构差异不同分为半变态和渐变态两种。

● **半变态**(hemimetabolous matamorphosis):幼虫和成虫在生活习性和形态结构上差异大。幼虫称为稚虫。如蜻蜓目、缨翅目、帻翅目等。

● **渐变态**(paurometabolous matamorphosis):幼虫翅未长成,生殖腺没成熟,其他特征与成虫差异不大。幼虫称为若虫。如蜚蠊目、直翅目、半翅目、等翅目、竹节虫目、虱目等。

(三)完全变态(holometamorphosis)

具有卵、幼虫、蛹、成虫四个虫期。幼虫和成虫形态和生活习性不同。如脉翅目、长翅目、蚤目、鳞翅目、鞘翅目、膜翅目、双翅目等。

第四节　常见动物的比较鉴别

一、昆虫纲 Insecta

昆虫纲是动物界中最大的纲。已描述的昆虫达 100 万余种,约占节肢动物门的 94%,动物界的 80% 以上,生活环境极其广泛,与人类关系密切。昆虫纲的主要特征是:身体分为头、胸、腹 3 部分,具有 3 对足,大部分种类有 2 对翅(图3-11)。实习基地有记录的昆虫约15目204种,其中蜉蝣目1种、螳螂目4种、蜚蠊目2种、等翅目2种、竹节虫目1种、蜻蜓目15种、广翅目1种、脉翅目2种、半翅目15种、鳞翅目66种、膜翅目11种、鞘翅目36种、双翅目14种、同翅目12种、直翅目22种,包括了主要的林木害虫、资源昆虫以及部分卫生害虫。

图3-11　昆虫纲代表物种

A.蜉蝣科长尾蜉蝣;B.蜚蠊科黑胸大蠊;C.螳螂科中华大刀螳;D.鼻白蚁科台湾乳白蚁;
E.白蚁科黑翅土白蚁;F.竹节虫科莫干山竹节虫;G.草蛉科中华草蛉;
H.蚁蛉科锯角蝶角蛉;I.螳螂科棕静螳

(一)缨尾目 Thysanura

昆虫是从无翅类到有翅类的一个过渡类群。无翅昆虫,体长扁,丝状触角,体表覆盖鳞片,复眼小,腹末端有一对分节的长尾须和一条由背板变化来的中尾须,表变态,喜欢温暖环境,多夜出生活。如衣鱼科 Lepismatidae 的多毛栉衣鱼 *Ctenolepisma villosa*,也称蠹鱼,无翅,具有三条尾须,属于储物蛀虫和档案图书害虫,其天敌是地蜈蚣。

(二)蜉蝣目 Ephemeroptera

最原始的有翅昆虫。膜翅,前翅发达,三角形;后翅小或退化;刚毛状触角,复眼发达,腹部末端有一对长尾须,原变态;咀嚼式口器,成虫口器退化,不取食,寿命1天,具有"朝生暮死"现象。幼虫复眼和单眼发达,丝状触角,腹部有成对气管鳃,滤食藻类和无脊椎动物,为鱼类重要饵料和水质指标生物。

蜉蝣科 Ephemeridae:一类穴居性的昆虫,穴居于泥质的静水水体底质中,滤食性;个体较大,体色美丽。稚虫个体较大,身体圆柱形,常为淡黄色或黄色;上颚突出成明显的牙状,足极度特化,适合于挖掘;身体表面和足上密生长细毛具气管鳃3根尾丝。成虫复眼黑色,大而明显,翅面常具棕褐色斑纹。如长尾蜉蝣 *Palingenia longicauda*。

(三)蜚蠊目 Blattarla

俗称蟑螂,体宽扁近圆形,前胸背板大,盖住大部分头部;触角长丝状;复眼发达,单眼退化;咀嚼式口器;革翅,有些种类短翅或无翅;步行足,适于疾走,渐变态;适应性强,活动范围大,食性杂,偏好糖和淀粉类食物,为重要的卫生害虫。

蜚蠊科 Blattidae:头后口式,口器咀嚼式,触角丝状,足发达,前翅覆翅,后翅膜质,雄虫有翅,雌虫无翅或短翅,渐变态。如黑胸大蠊 *Periplaneta fuliginosa* (Serville,1839)。

(四)螳螂目 Mantodea

中至大型昆虫,头大,三角形且活动自如;触角长,丝状;咀嚼式口器;前翅革质;前足为捕捉足;多数暗褐色、绿色,常有保护色或拟态,渐变态。其卵包裹于由附腺分泌形成的卵鞘,卵鞘可以入药;其有自相残杀的习性,捕食各种农林、果树害虫,既是重要的天敌昆虫,也是药用昆虫。

螳螂科 Mantidae:在中国约有51种。中至大型昆虫,头三角且活动自如;前足腿节和胫节有利刺,胫节镰刀状;前翅皮质;腹部肥大;暗褐色、绿色或有花斑,有自相残杀的习性,捕食各种农林、果树害虫。如棕静螳 *Statilia maculata* (Thunberg,1784)、中华大刀螳 *Tenodera sinensis* (Saussure,1842)、狭翅大刀螳 *Tenodera angustipennis* (Saussure,1869)、广斧螳 *Hierodula patellifera* (Serville,1839)。

(五)等翅目 Isoptera

通称白蚁,因前后翅的大小翅脉相近而得名。其口器咀嚼式,触角念珠状,渐变态。分土栖性和木栖性白蚁,消化道含定量微生物,能分泌纤维素酶,对建筑物和堤坝有极大破坏性,属于多型性社会性昆虫。

生殖白蚁(蚁后和雄蚁):有翅,翅基有脱落缝,有翅成虫飞行一次后即脱落,司生殖功能。

工白蚁:无翅,触角长,喂食蚁后、兵白蚁和幼白蚁,并负责照顾、清洁等。

兵白蚁:体型大,无翅,头部骨化,上颚粗壮,主要对付蚂蚁和其他捕食者。

①鼻白蚁科(Rhinotermitidae):头及触角淡黄色,上颚黑褐色,腹部乳白色;额腺能分泌乳状液;土木两栖,危害房屋、木材。如台湾乳白蚁 Coptotermes formosanus(Shiraki,1909)。

②白蚁科(Termitidae):黑褐色,触角呈念珠状或丝状,有翅蚁为繁殖蚁,婚飞后翅脱落交配,土栖性害虫,主要危害花木。如黑翅土白蚁 Odontotemes formosanus(Shiraki,1909)。

(六)竹节虫目 Phasmatodea

体大型,体躯细长(竹节虫)或宽扁(叶䗛),头前口式,咀嚼式口器,翅革质或无翅,渐变态,具拟态和保护色。

竹节虫科 Phasmida:因身体修长而得名,有翅或无翅。中大型昆虫,一般体长在 10～30mm,最长的有 260mm;前胸节短,中胸节和后胸节长;体色多呈深褐色,少数为绿色或暗绿色。如莫干山竹节虫 Dryococelus adyposus。

(七)脉翅目 Neuroptera

通称蛉,膜翅,有网状翅脉,口器咀嚼式,触角丝状,全变态;幼虫和成虫均为捕食性,是重要的天敌昆虫。

①草蛉科 Chrysopidae:体细长而柔弱,草绿色、黄色或灰白色,触角丝状,前后翅形状、脉序相似,透明;捕食蚜、螨、蚧等,俗称"蚜狮""蚜虱"。如大草蛉 Chrysopa pallens(Rambur,1838)、丽草蛉 Chrysopa formosa Brauer、中华草蛉 Chrysopa sinica Tjeder。

②蚁蛉科 Myrmeleontidae:体大,外形似蜻蜓,头胸部有长毛;触角长,棒状;复眼大,捕食性。如锯角蝶角蛉 Acheron trux(Walker,1853)。

(八)长翅目 Mecoptera

统称蝎蛉,有两对狭长的膜质翅,体中型,细长;头部向腹面延伸成宽喙状,触角长丝状,咀嚼式口器,前胸短,尾须短;完全变态;主要摄食昆虫或苔藓类植物,是重要的生态指示昆虫。

①蝎蛉科 Panorpidae:体色通常黄褐色;翅面常有斑点和色带,足跗节末端

具1对爪,雄性外生殖器球状上举,形似蝎尾。如天目山新蝎蛉 *Neopanorpa tien-mushana*。

②蚊蝎蛉科 Bittacidae:体型较大,颜色黄褐色;足长,末节具1爪。翅基比蝎蛉科窄,雄性外生殖器不呈球状。如中华蚊蝎蛉 *Bittacus sinensis*。

(九)缨翅目 Thysanoptera

俗称蓟马,体微小,细长;翅狭长,边缘有长缨毛,为缨翅;锉吸式口器,半变态;多数取食花粉和花蜜(大蓟、小蓟等菊科植物),或植物汁液。

蓟马科 Thripidae:触角6～9节,第3、4节上有叉状感觉锥,翅尖。雌虫产卵器发达,向腹面弯曲;世界性分布,危害水稻、花卉。如稻蓟马 *Stenchaetothrips biformis*。

(十)广翅目 Megaloptera

因前翅大而得名,体大型,触角长,咀嚼式口器,雄虫上颚发达,完全变态昆虫中最原始的目。

鱼蛉科 Corydalidae:4翅半透明,具明显的褐斑,幼虫生活于水中,捕食水生昆虫,成虫有趋光性,主要捕食蛾类,是农业害虫的天敌。如中华斑鱼蛉 *Neochauliodes sinensis*。

(十一)䗺翅目 Plecoptera

俗称石蝇,体中小型,细长柔软;复眼发达,单眼3个;触角长丝状,咀嚼式口器;膜翅,休息时翅平折在背面;尾须长丝状;半变态,稚虫多取食水生动物,对水质污染敏感,是水质指示昆虫。

昆虫纲物种

䗺科 Perlidae:翅纵向卷折,体褐色,一对长尾须,长触角,生活于溪边石块。如双目黄䗺 *Flavoperla biocelllata*(Chu,1928)。

(十二)直翅目 Orthoptera

前后翅的纵脉直,前翅革质,后翅膜质;咀嚼式口器,触角刚毛状或丝状;前胸背板发达,向两侧延伸,呈马鞍状;尾须发达,雌性有发达的产卵器;多数为植食性,是农、林、园艺的常见害虫,严重危害农作物(图3-12)。

直翅目物种

图 3-12　直翅目代表物种

A.螽蟖科日本条螽;B.硕螽科笨棘颈螽;C.蝼蛄科东方蝼蛄;

D.蟋蟀科黄脸油葫芦;E.拟叶螽科绿背覆翅螽;F.斑腿蝗科短角外斑腿蝗;

G.蝗科中华剑角蝗;H.锥头蝗科短额负蝗;I.斑翅蝗科疣蝗

直翅目分为两个亚目,即剑尾亚目和锥尾亚目,分科的主要依据是足和触角的形态。

● **剑尾亚目** Ensifera:触角丝状,长于或等于体长,听器在前足胫节基部;两前翅摩擦发声;跗节 3~4 节;产卵器较长,刀、剑状。

①**螽蟖科** Tettigoniidae:外骨骼较软,触角长,雌性产卵器剑状或镰刀状,雄性前翅摩擦发声,危害作物。如日本纺织娘 *Mecopoda niponensis*(Haan,1843)、绿螽蟖 *Holochlora nawae*、日本条螽 *Ducetia japonica*(Thunberg,1815)、斑翅草螽 *Conocephalus maculatus*(Le Guillou,1841)、黑胫钩额螽 *Ruspolia lineosa*(Walker,1869)、鼻优草螽 *Euconocephalus nasutus*(Thunberg,1815)、日本似织螽 *Hexacentrus japonicus* Karny,1907。

②**硕螽科** Bradyporida:体型硕大,体色棕红色,性情凶猛,杂食性,对植物有

危害。如笨棘颈螽 *Deracantha onos*(Pallas,1772)。

③蝼蛄科 Gryllolpidae:黄褐色,前足为挖掘足,分布于稻田、山地,危害作物根茎。如东方蝼蛄 *Gryllotalpa orientalis*。

④蟋蟀科 Gryllidae:触角比体躯长,雌性产卵管裸出;雄性善鸣,好斗,以翅摩擦发声;是一种农业害虫。如黄脸油葫芦 *Teleogryllus emma* (Ohmachi & Matsuura,1951)、迷卡斗蟋 *Velarifictorus micado*(Saussure,1877)、多伊棺头蟋 *Loxoblemmus doenitzi*(Stein,1881)、日本钟蟋 *Meloimorpha japonica*(Haan,1844)、斑翅灰针蟋 *Polionemobius taprobanens*(Walker,1869)、双带金蛉蟋 *Svistella bifasciata*(Shiraki,1911)。

⑤拟叶螽科 Pseudophyllidae:体中至大型,较强壮;头通常介于下口式和后口式之间,触角较体长,前翅形状似树叶、树皮或地衣,雄性前翅具有发音器;咀嚼式口器发达,具足垫,杂食性;产卵瓣长而宽,马刀形。如绿背覆翅螽 *Tegra novaehollandiae viridinotata*(Stal,1874)。

● 锥尾亚目 Caelifera:触角短于体长一半,听器在第1腹节两侧;产卵器短,凿状;肘节3节以下。

①斑腿蝗科 Catantopidae:体中大型,触角丝状,具前胸腹板突,无摩擦板,后足腿节外侧具羽状隆线。植食性,危害农林。如短角外斑腿蝗 *Xenocatantops brachycerus*(Willemse,1932)、小稻蝗 *Oxya intricata*(Stal,1861)、中华稻蝗 *Oxya chinensis*。

②蝗科 Acarididae:俗称中华蚱蜢或尖头蚱蜢,体粗壮,触角刚毛状,第1跗节腹面常有3个垫状物;雄虫以后足腿节摩擦前翅发声;雌虫产卵器短粗,顶端弯曲呈锥状;危害农作物。如中华剑角蝗 *Acrida cinerea*(Thunberg,1815)。

③锥头蝗科 Pyrgomorphidae:体纺锤状,触角剑状,头顶锥状突起,前、后翅狭长。如短额负蝗 *Atractomorpha sinensis*。

④斑翅蝗科 Oedipodidae:体较粗壮,腹面常被密绒毛,体表具细刻点;头近卵形,头顶较短宽,触角丝状;翅发达,具有斑纹,网脉比较密。如疣蝗 *Trilophidia japonica*(Saussure,1888)、东亚飞蝗 *Locusta migratoria manilensis*。

东亚飞蝗生活史

(十三)同翅目 Homoptera

因前翅质地相同而得名,膜质或革质;触角丝状或刚毛状;植食性,刺吸式口器吸食植物汁液,是常见的农业害虫;

同翅目物种

渐变态,包括蝉、蚜、蚧等(图3-13)。

● **头喙亚目** Auchenorrhyncha:中大型,活动活跃;触角短,刚毛状;喙从头后部伸出;翅脉发达,前翅至少有4条翅脉从翅基发出。

①**蝉科** Cicadidae:体大,触角刚毛状,前翅膜质透明,前足挖掘式;雄蝉腹基部有发达的发音器;幼虫生活在土壤,吸食植物根部汁液;羽化蜕的皮称为"蝉蜕";危害多种果树。如黑蚱蝉 *Cryptotympana atrata*(Fabricius,1775)、蒙古寒蝉 *Meimuna mongolica*(Distant,1881)、松寒蝉 *Meimuna opalifera*(Walker,1850)、蟪蛄 *Platypleura kaempferi*(Fabricius,1794)。

②**蜡蝉科** Fulgoridae:中大型,肩板大,翅发达、膜质。如斑衣蜡蝉 *Lycorma delicatula*(White,1845)。

③**叶蝉科** Cicadellidae:前翅革质,触角刚毛状,后足胫节有刺状毛,取食植物叶片。有些种类传播植物病毒病,是农业害虫。如大青叶蝉 *Cicadella viridis*(Linnaeus,1758)、黑尾凹大叶蝉 *Bothrogonia ferruginea*(Fabricius,1787)。

④**沫蝉科** Cercopidae:体小至中型,触角刚毛状,前翅黑色有白、红斑;若虫能分泌泡泡,俗称吹泡虫,危害农作物。如稻赤斑黑沫蝉 *Callitettix versicolor*、黑斑丽沫蝉 *Cosmoscarta dorsimacula*、紫胸丽沫蝉 *Cosmoscarta exultans*。

⑤**广翅蜡蝉科** Ricaniidae:前翅宽大,雌大雄小,若虫、成虫腹部覆盖不同颜色蜡粉,成虫、若虫喜于嫩枝、芽和叶上刺吸汁液。如八点广翅蜡蝉 *Ricania speculum*(Walker,1851)。

⑥**蛾蜡蝉科** Flatidae:体绿色或褐色,翅脉网状,腹部覆盖白蜡粉,成虫、若虫刺吸寄主植物枝、茎、叶的汁液,为农作物害虫,危害植物的全株,会造成花落、减产。如碧蛾蜡蝉 *Geisha distinctissima*(Walker,1858)。

● **胸喙亚目** Sternorrhyncha:触角长,丝状,喙从前足基节间伸出;不活泼,有些固定在寄主植物上,如蚧壳虫。

①**蜡蚧科** Coccidae:雌虫分节不明显,足和触角退化;雄虫触角10节,腹部末端有2条长蜡丝,密集分布;多数是农林园艺植物害虫。如白蜡蚧 *Ericerus pela*。

②**蚜科** Aphididae:俗称蚜虫、蜜虫、腻虫,触角6节,刺吸式口器,腹部第5节上有1对腹管。常群集于叶片、嫩茎、花蕾、顶芽等部位,刺吸汁液,多为农业害虫,分泌的蜜露会诱发煤污病、病毒病并招来蚂蚁。如桃蚜 *Myzus persicae*,广食性害虫,转主寄生,冬寄主有梨、桃、李、梅等蔷薇科果树;夏寄主有白菜、萝卜、辣

椒、菠菜等,是多种植物病毒的主要传播媒介。又如莴苣指管蚜 *Uroleucon for-mosanum* (Takahashi,1921)。

图 3-13　同翅目代表物种

A.蝉科黑蚱蝉;　B.蝉科蟪蛄;　C.叶蝉科大青叶蝉;　D.蜡蝉科斑衣蜡蝉;

E.沫蝉科紫胸丽沫蝉;　F.广翅蜡蝉科八点广翅蜡蝉;

G.蛾蜡蝉科碧蛾蜡蝉;　H.蚜科莴苣指管蚜

(十四)蜻蜓目 Odonata

蜻蜓目(图 3-14)是原始的有翅昆虫,因其下颚末端具齿而得名。体中到大型,细长,头大可活动;复眼发达,触角刚毛状,咀嚼式口器;前胸小,中后胸极大并愈合成翅胸;膜翅,有翅痣。翅痣,也称翼眼,是前翅上方角质加厚部分,用来克服飞行产生的"颤振",起着平稳飞行的作用。翅痣在仿生学的应用,如飞机两翼末端的前缘制成一块加厚区,或者加上"配重"装置,可消除"颤振"现象。雄虫腹部第2、3节有发达的次生交配器。半变态,幼虫和成虫均为捕食性。蜻蜓目的幼虫俗称水虿或水蠆蛨,体色暗褐色或暗绿色,无翅,肉食性,性情凶猛,捕食小型水生昆虫、鱼虾。

蜻蜓目物种

按成虫的形态特征与生活习性,蜻蜓目分为2个亚目,包括均翅亚目、差翅亚目。

● **均翅亚目** Zygoptera:色常艳丽,统称"蟌",俗称"豆娘"。前后翅的形状和脉序相似;翅基部柄状或不成柄状;复眼在头部两侧突出,两眼间距大于眼的宽度;体细长;停息时四翅多竖立于胸的上方。

①蟌科 Coenagrionidae：体小型，细长，体色多样化，无金属光泽，翅有柄，翅痣多数为菱形；为蜻蜓目中最大科。如翠胸黄蟌 *Ceriagrion auranticum*（Fraser，1922）、褐斑异痣蟌 *Ischnura senegalensis*（Rambur，1842）、长叶异痣蟌 *Ischnura elegans*。

②色蟌科 Calopterygidae：体大型，常具金属光泽，翅宽，翅脉密；足长，具长刺；翅痣常不发达或缺。如透顶单脉色蟌 *Matrona basilaris*（Selys，1853）。

③扇蟌科 Platycnemididae：体小至中型，体色以黑色为主，杂有色斑，无金属光泽；雄性中足及后足胫节扩大，呈树叶薄片状。如白叶足扇蟌 *Platycnemis phyllopoda*（Djakonov，1926）。

● **差翅亚目** Anisoptera：俗称蜻蜓。后翅基部比前翅基部稍大，前后翅形状及脉序不同；翅基部不成柄状，不显著狭长；两复眼多接触或以细缝分离；体粗壮；停息时四翅向两侧平伸。

①**蜻科** Libellulidae：体中小型，红蓝黄多色，翅痣无支持脉；一般无金属光泽，雄性常被粉，第2腹节上无耳形突，产卵时"蜻蜓点水"习见。如白尾灰蜻 *Orthetrum albistylum*（Selys，1848）、异色灰蜻 *Orthetrum melania*、红蜻 *Crocothemis servilia*（Drury，1773）、黄蜻 *Pantala flavescens*（Fabricius，1798）、玉带蜻 *Pseudothemis zonata*（Burmeister，1839）。

②**蜓科** Aeshnidae：中大型，体较粗壮，色彩鲜明；两眼有较长一段接触；翅透明，翅痣内端具支持脉，雌性具发达的产卵器。多在黄昏飞出，捕吃蚊子。如碧伟蜓 *Anax parthenope julius*（Brauer，1865），也称黑纹伟蜓。

碧伟蜓生活史

③**春蜓科** Gomphidae：体黑色，具黄或绿色斑纹；翅透明，翅脉细弱；下唇不纵裂；雌性无产卵器；早春常见。如霸王叶春蜓 *Ictinogomphus pertinax*（Hagen，1854）、大团扇春蜓 *Sinictinogomphus clavatus*（Fabricius，1775）。

④**大蜻科** Macromidae：体大型，黑褐色，合胸在前翅与后翅之间有一圈黄带；复眼发达而相接，足特别长。如闪蓝丽大蜻 *Epophthalmia elegans*（Brauer，1865）。

图 3-14　蜻蜓目代表物种

A.蟌科褐斑异痣蟌；B.色蟌科透顶单脉色蟌；C.扇蟌科白叶足扁蟌；D.蜻科白尾灰蜻

E.蜻科红蜻；F.蜓科碧伟蜓；G.春蜓科霸王叶春蜓；H.大蜻科闪蓝丽大蜻

(十五)半翅目Hemiptera

统称蝽象或蝽,俗称臭虫。体壁坚硬,扁平;半鞘翅,刺吸式口器;前胸背板发达,中胸小盾片发达,多数有臭腺;渐变态;陆生种类多为植食性,水生种类多为捕食性(图3-15)。

半翅目物种

根据生活环境差异分为三个亚目,包括两栖亚目、水栖亚目、陆栖亚目。

● **两栖亚目** Amphibicorizae:半水生或岸边生活,胫节有特化毛,可在水面行走;后足基节能转动,可快速划水。

①**黾蝽科** Gerridae:身体细长,翅明显,前足短,用于捕捉食物;中后足细长,具有油质的防水细毛,利于在水面上划行。如圆臀大黾蝽 *Aquarius paludum* (Fabricius,1794)。

②**尺蝽科**:体长大约5cm;头部强烈向前伸长,复眼位于头的中间,翅不明显,善于水面行走,通过水波确定猎物位置。如白纹尺蝽 *Hydrometra albolineata*。

● **水栖亚目** Hydrocorizae:触角短,隐藏于头部腹面凹沟内,后足为游泳足。

①**负子蝽科** Belostomatidae:又称负子蝽科或田鳖科,复眼大;具有趋光性;前足为捕捉足,特化成螯足,而中后足为游泳足;腹部末端有短而扁的呼吸管;卵产在雄虫背上。如锈色负子蝽 *Diplonychus rusticus* (Fabricius,1871)、大田鳖 *Lethocerus deyrollei* (Vuillefroy,1864)。

图 3-15 半翅目代表物种

A.鼋蝽科圆臀大鼋蝽；B.负子蝽科锈色负子蝽；C.仰蝽科华粗仰蝽；D.蝽科麻皮蝽；
E.蝽科玛蝽；F.蝎蝽科日壮蝎蝽；G.盾蝽科桑宽盾蝽；H.缘蝽科稻棘缘蝽；I.猎蝽科黑盾猎蝽

　　②仰蝽科 Notonectidae：终生以腹面向上的姿势在水中生活，后足成桨状游泳足，肉食性，捕食水域中小型昆虫。如华粗仰蝽 *Enithares sinica*（Stal，1854）。

　　③蝎蝽科 Nepidae：水螳螂和水蝎子，生活在淡水域，幼虫捕食水蚤、孑孓，老龄若虫及成虫捕食鱼苗。如日壮蝎蝽 *Laccotrephes japonensis*（Scott，1874）。

　　● 陆栖亚目 Geocorizae：陆生，触角发达。

　　①蝽科 Pentatomidae：体扁平，盾形；小盾片发达，末端长达腹部中段，呈三角形；臭腺发达；多数植食性，为常见的农业害虫。如麻皮蝽 *Erthesina fullo*（Thunberg，1783）、斑须蝽 *Dolycoris baccarum*（Linnaeus，1758）、菜蝽 *Eurydema dominulus*（Scopoli，1763）、硕蝽 *Eurostus validus*（Dallas，1851）、玛蝽 *Mattiphus splendidvs*。

　　②盾蝽科 Scutelleridae：体小型至中大型，背面强烈圆隆，腹面平坦，卵圆形；许多种类有鲜艳的色彩和花斑；小盾片扩大延伸成 U 形，遮住了腹部和前后翅，

把身体包裹得十分严实;臭腺发达。如桑宽盾蝽 *Poecilocoris druraei*（Linnaeus,1771）。

③**龟蝽科(圆蝽科)**Plataspidae:体小型,卵圆形,坚硬;小盾片发达,覆盖整个腹部,形似乌龟状;很多种类危害豆科植物。如竹卵圆蝽 *Hippotiscus dorsalis*。

④**缘蝽科** Coreidae:体形多狭长,两侧平行,体壁坚硬;触角4节,具单眼,小盾片较小,植食性。如稻棘缘蝽 *Cletus punctiger*（Dallas,1852）、暗黑缘蝽 *Hygia opaca*（Uhler,1860）、南瓜缘蝽 *Anasa tristis*。

⑤**猎蝽科** Reduviidae:刺蝽,喙3节,弯曲成弧形;头部尖长,头与前胸间缢缩成颈状;捕食性,为农林害虫的天敌。如黑盾猎蝽 *Ectrychotes andreae*（Thunberg,1784）。

（十六）**鞘翅目** Coleoptera

前翅为鞘翅,坚硬,而后翅为膜翅,统称为甲虫;咀嚼式口器;触角11节,多样;前胸背板发达,中胸仅露小盾片;完全变态。该目为动物界最大目,占昆虫纲40%以上,约36万种,主要包括肉食亚目和多食亚目(图3-16和3-17)。

鞘翅目物种

● **肉食亚目** Adephaga:前胸有背侧缝;后足固定,不能活动;多捕食性。

①**虎甲科** Cicindelidae :体狭长;具金属光泽;头比前胸宽,下口式;复眼突出;触角丝状,生于两复眼间;鞘翅长,盖于整个腹部,能飞行。如金斑虎甲 *Cicindela aurulenta*（Fabricius,1801）、离斑虎甲 *Cicindela separata*。

②**步甲科** Carabidae:头小于胸部,前口式;触角生于上颚基部和复眼间;鞘翅表面有纵沟或刻点;后翅退化,适于爬行,捕食性。如拉步甲 *Carabus lafossei*（Feisthamel,1845）、硕步甲 *Carabus davidis*（Deyrolle & Fairmaire,1878）。拉步甲和硕步甲为国家二级保护动物。拉步甲:红黑色,前胸背板呈心形,鞘翅为长卵形,中后部最宽,末端则形成尾突;一般1年2代,每次产卵6~10粒,土层中越冬、孵化,捕食蜗牛、蛞蝓等。硕步甲:大卫步甲,前胸及小盾片为蓝紫色,其余黑色;鞘翅带绿色金属光泽,后部具有红铜光泽;侧缘有凹缺;触角细长;农田的重要捕食性天敌,捕食蛾类、蝇类幼虫,以及蚯蚓、蛞蝓、蜗牛等。

③**龙虱科**:水生,背腹两面均隆起,后足扁长为游泳足,复眼发达;腹下方有呼吸气门;肉食性,捕食水生动物;味鲜美,具有较高药用价值。如黄边大龙虱 *Cybister cimbatus*。

● **多食亚目** Polyphaga:前胸有背侧缝;后足基节可动。

①**隐翅甲科**:体细长,两侧平行;鞘翅极短,腹节外露;多为腐食性,如毒隐翅虫 *Paederus* sp.,有毒,可引起皮炎。

②**锹甲科** Lucanidae:鞘翅发达,体壁坚硬,有光泽;雌雄二型显著,雄虫上颚呈鹿角状;成虫食叶液,幼虫腐食。如扁锹 *Serrognathus titanus*(Boisduval,1835)、巨锯锹甲 *Serrognathus titanus*。

③**象甲科**:俗称象鼻虫,动物界最大科,有6万种;额和颊向前延伸形成象鼻样喙,口器位于喙顶端;触角膝状;体壁骨化强,植食性,危害花木果树和储备粮。如米象 *Sitophilus oryzae*、玉米象 *Sitophilus zeamais*、稻象甲 *Echinocnemus squameus*。

④**叶甲科** Chrysomelidae:动物界第二大科,有2.5万种;多有艳丽的金属光泽,俗称金花虫;前胸背板两侧具边框,头部嵌入胸腔,鞘翅盖及腹端;植食性。如马铃薯甲虫 *Leptinotarsa decemlineata*、黄足黑守瓜 *Aulacophora lewisii*(Baly,1886)、中华萝藦叶甲 *Chrysochus chinensis*(Baly,1859)。

⑤**瓢甲科** Coccinellidae:卵圆形,头嵌于前胸,触角棒状;常具鲜艳色斑。(a)肉食性的上颚基部有齿,端部有叉状;背面具光泽,是重要的天敌昆虫。如七星瓢虫 *Coccinella septempunctata*(Linnaeus,1758)、异色瓢虫 *Harmonia axyridis*(Pallas,1773)、龟纹瓢虫 *Propylaea japonica*(Thunberg,1781)。(b)植食性的上颚基部无齿,无光泽,有绒毛,危害植物。如马铃薯瓢虫(28星)*Henosepilachna vigintioctomaculata*、瓜茄瓢虫(11星)*Epilachna admirabilis* 等。

⑥**萤科** Lampyridae:体长扁平,体壁与鞘翅柔软,前胸背板盖住头部,鞘翅表面密布细短毛;腹部有发光器,发黄绿色荧光,俗称萤火虫;肉食性,捕食蚯蚓、蜗牛、昆虫等。如黄脉翅萤 *Curtos costipennis*(Gorham,1880)。

⑦**豉甲科** Gyrinidae:鞘翅圆鼓,小盾片消失;成群生活于池塘表面,多用桨状的中足和后足划水,绕小圆圈旋转游泳;复眼分成两对,用以观察水上和水下的景物,摄食水表面的昆虫。如圆鞘隐盾豉甲/大豉甲 *Dineutus mellyi*(Latreille,1802)。

⑧**拟步甲科** Tenebrionidae:口器发达,前口式;前胸背板发达;鞘翅具发达的假缘折,后翅多退化,不能飞翔;跗节式5—5—4,爪不分叉;是仓库和农作物害虫。如黄粉虫 *Tenebrio molitor*、弯胫大轴甲 *Promethis valgipes*(Marseul,1876)。

图 3-16　鞘翅目代表物种（1）

A.虎甲科离斑虎甲；B.步甲科硕步甲；C.锹甲科扁锹；D.拟步甲科弯胫大轴甲；

E.瓢甲科七星瓢虫；F.萤科黄脉翅萤；G.叶甲科中华萝摩叶甲；H.豉甲科圆鞘隐盾豉甲

⑨**叩甲科** Elateridae：体狭长壮硕，两侧平行；头型多为前口式，深嵌入前胸；前胸背板后角锐刺状，前胸腹板突出成长刺状；前中胸形成弹跳关节，被捉时能不停叩头，故名叩头虫；背面向下时能反弹跳起，用以逃跑；生活在土壤中，植食性，取食植物根茎苗和种子，为农业害虫。如大青叩甲 *Campsosternus auratus* （Drury，1773）、朱肩丽叩甲 *Campsosternus gemma*（Candéze，1857）。

⑩**粪金龟科** Geotrupidae：体黑褐色，前口式，上颚大，触角鳃状，前胸背板大阔，上有各式突起；鞘翅多有纵纹，臀板不外露；前足为开掘足，能利用月光偏振定位，帮助取食；粪食性，以哺乳动物粪便为食，称"自然界清道夫"。如黑蜣螂 *Geotrupidae* Latreille，又名屎壳郎，圣甲虫。

⑪**鳃金龟科** Melolonthidae：鳃状触角，体形粗壮，体色单调，鞘翅发达，有纵肋，臀板外露，危害裸子植物和粮食作物。如大黑鳃金龟 *Holotrichia oblita*（Faldermann，1835）、暗黑鳃金龟 *Holotrichia parallela*。

⑫**花金龟科** Cetoniidae：多具艳丽色彩，有花斑或粉层；鞘翅前阔后狭，背面有2条强直纵肋，臀板发达。如阳彩臂金龟 *Cheirotonus jansoni*（Jordan，1898）、东方星花金龟 *Protaetia orientalis*（Gory & Percheron，1833）。

⑬**丽金龟科** Rutelidae：体色有金属光泽，触角鳃叶状，爪不等长，可相互活动，危害树木和作物。如铜绿丽金龟 *Anomala corpulenta*、异丽金龟 *Anomala aulax*、中喙丽金龟 *Adoretus sinicus*。

⑭**犀金龟科** Dynastidae：又称独角仙科，腹气门列后方排成2列，上颚背面可见，雄性头及前胸具角或叉突。成虫植食性，主要以树木伤口处的汁液或熟透的水果为食，对作物、林木基本不造成危害；幼虫多腐食，以朽木、腐殖土、发酵木

图 3-17　鞘翅目代表物种（2）

A.叩甲科大青叩甲；B.粪金龟科黑蜣螂；C.鳃金龟科大黑鳃金龟；

D.花金龟科东方星花金龟；E.丽金龟科铜绿丽金龟；F.犀金龟科双叉犀金龟；

G.天牛科华星天牛；H.芫菁科红头豆芫菁；I.铁甲科大锯龟甲

屑、腐烂植物为食。如双叉犀金龟 *Trypoxylus dichotomus*（Linnaeus，1771），头角有两个分叉；戴叉犀金龟 *Allomyrina davidis*，国家二级保护动物，头角只有一个分叉，中部有横向突出的菱形齿突。

⑮**天牛科** Cerambycidae：长筒形，锯齿状（鞭状）触角长、刚劲，能向后伸；复眼肾脏形，环绕在触角基部；植食性，钻蛀取食木质部，有趋光性。如华星天牛 *Anoplophora chinensis*（Forster，1771）危害柑橘；桃红颈天牛 *Aromia bungii* 危害桃、杏、李、梅、樱桃等；光盾绿天牛 *Chelidonium arentatum* 的幼虫蛀害多种芸香科植物，严重影响柑橘产量；苎麻双脊天牛 *Paraglenea fortunei*，危害苎麻。另外还有桑黄星天牛 *Psacothea hilaris*（Pascoe，1857）、皱胸粒肩天牛 *Apriona rugi-collis*（Chevrolat，1852）、密点白条天牛 *Batocera lineolata*（Chevrolat，1852）、中华裸角天牛 *Aegosoma sinicum*（White，1853）。

⑯**芫菁科** Meloidae：体长圆筒形，多色；头为下口式，急下弯，有狭窄颈部；鞘翅柔软，平行；触角丝状或锯齿状。幼虫捕食直翅目和膜翅目卵，成虫危害豆科植物及杂草；分泌斑蝥素，可引起水肿；可治疗癌症，有药用价值。如眼斑芫菁

Mylabris cichorii，又称南方大斑蝥、黄黑小斑蝥，体黑色，有 3 条黄色或棕黄色的横纹，有特殊的臭气，其干燥虫体可提取斑蝥素；红头豆芫菁 *Epicauta ruficeps* 等。

⑰**铁甲科** Hispidae：体圆形或卵圆形或长形，体色多幽暗，体背具脊、瘤、刺。脊、瘤、刺代表该科发展的三个不同阶段，即由脊发展为瘤，由瘤发展为刺。头插入胸腔内，口器为下口式或后口式，仅腹面可见，有时部分或大部分隐藏于胸腔内；爪半开式或全开式。如甘薯台龟甲 *Cassida circumdata*（Herbst，1799）、大锯龟甲 *Basiprionota chinensis*。

（十七）**鳞翅目** Lepidoptera

鳞翅目是昆虫纲第 2 大目，有 16 万多种。虹吸式口器，鳞翅，完全变态类；多数幼虫为害栽培植物，为农林害虫，多数成虫能传粉，蚕类能产丝（图 3-18 和 3-19）。鳞翅目分类的依据主要是翅、足、触角、口器等，包括蛾、蝶两类。

鳞翅目物种

● **蛾类**：体形粗壮，触角多样（如丝状、羽状），静止时翅平展，蛹期有结茧，夜出性。

①**天蚕蛾科** Saturniidae：中型蛾，翅阔，前翅顶角呈钩状，触角呈双栉状或羽状。如王氏樗蚕蛾 *Samia wangi*（Naumann & Peigler，2001）、绿尾大蚕蛾 *Actias ningpoana*（Felder & Felder，1862）、柞蚕 *Antherea pernyi*。

②**枯叶蛾科** Lasiocampidae：体形粗壮，多毛，灰色或褐色，后翅肩角膨大，无翅缰，喙退化，触角双栉状，幼虫有浓密次生毛，取食树叶。如橘褐枯叶蛾 *Gastropacha pardale*（Walker，1855）。

③**尺蛾科** Geometridae：体细，翅阔纤弱，常具黑色波浪形斜走横纹，一般具喙和翅缰；幼虫行动时一曲一伸，又称尺蠖蛾、步曲或造桥虫；是农林业的常见害虫。如肾斑尺蛾 *Ascotis selenaria*（Denis & Schiffermüller，1775）、佳眼尺蛾 *Problepsis eucircota*（Prout，1913）、丝棉木金星尺蛾 *Abraxas suspecta*（Warren，1894）、后缘长翅尺蛾 *Obeidia postmarginata*。

④**灯蛾科** Arctiidae：成虫体色鲜艳，触角丝状或羽状；幼虫有毛瘤，上有刚毛，无毒腺，植食性，有群集性。如八点灰灯蛾 *Creatonotos transiens*（Walker，1855）、桑树人纹污灯蛾 *Spilarctia subcarnea*、红缘灯蛾 *Amsacta lactinea*。

⑤**毒蛾科** Lymantriidae：喙消失，胸、腹部被长鳞毛；雌蛾粗壮，不善飞行；雄

图 3-18 鳞翅目代表物种（1）

A.天蚕蛾科绿尾大蚕蛾；B.枯叶蛾科橘褐枯叶蛾；C.尺蛾科丝棉木金星尺蛾；

D.灯蛾科八点灰灯蛾；E.毒蛾科素毒蛾；F.夜蛾科玫瑰巾夜蛾；

G.天蛾科黑长喙天蛾；H.鹿蛾科红带新鹿蛾；I.蚕蛾科野蚕

蛾较小，色暗，善飞翔；幼虫被浓密长毛，背面有毒腺，取食树叶。如杨雪毒蛾
Leucoma candida（Staudinger，1892）、素毒蛾 *Laelia coenosa*（Hübner，1805）。

⑥**夜蛾科** Noctuidae：体形粗壮，多毛，触角丝状，喙发达；前翅狭窄，颜色一
般灰暗；后翅宽阔，多具色斑；典型的夜出性蛾，趋光性、趋糖性强，有迁飞习性。
幼虫具原生刚毛，多食性。如玫瑰巾夜蛾 *Parallelia arctotaenia*（Guenée，1852）、
中带三角夜蛾 *Grammodes geometrica*（Fabricius，1775）、庸肖毛翅夜蛾 *Thyas ju-no*（Dalman，1823）、银纹夜蛾 *Ctenoplusia agnata*（Staudinger，1892）。

⑦**天蛾科** Sphingidae：体形粗壮，喙极长；触角末端尖，呈钩状；前翅狭长，后
翅较小，飞行迅速，似鹰般盘旋，又名鹰蛾。如黑长喙天蛾 *Macroglossum pyr-rhosticta*（Butler，1875），昆虫中的"四不像"，似蝶白天活动，似蜜蜂采蜜，似蜂鸟

飞翔,俗称"蜂鸟蛾"。另外还有构月天蛾 *Parum colligata*（Walker,1856）、蓝目天蛾 *Smerinthus planus*（Walker, 1856）、丁香天蛾 *Psilogramma increta*（Walker 1865）、雀纹天蛾 *Theretra japonica*（Boisduval,1869）、咖啡透翅天蛾 *Cephonodes hylas*（Linnaeus,1882）。

⑧**鹿蛾科** Ctenuchidae:小、中型蛾,多为日出性,外形似蜂类,喙发达;翅面缺鳞片透明,后翅显著小于前翅;腹部常具斑。如红带新鹿蛾 *Caeneressa rubrozonata*。

⑨**蚕蛾科** Bombycidae:成虫中型,体粗壮,喙退化,不取食;雌、雄触角均为栉状;翅阔,前翅的顶角尖出,外缘呈波状弯曲;足有绵毛;幼虫身体光滑,胸部显著隆起,化蛹前吐丝结茧。如野蚕 *Bombyx mandarina*（Moore,1872）,即家蚕,世界著名的丝蚕,野外已绝种,全为饲养种类。

● **蝶类**:体细长,触角棒槌状,静止时翅呈 V 形竖立;大多蛹不结茧,称为蝶蛹;为昼出性昆虫。

①**弄蝶科** Hesperiidae:体小,肥短,头大,头宽大于胸宽;成虫的头和身体似蛾,静止时前翅多数像蝶上举;触角呈棍棒状,末端弯曲呈尖钩状,前足正常。如直纹稻弄蝶 *Parnara guttata*（Bremer & Grey, 1853）、隐纹谷弄蝶 *Pelopidas mathias*（Fabricius,1798）、黑弄蝶 *Daimio tethys*。

②**凤蝶科** Papilionidae:大型种,翅宽,色彩鲜艳;触角锤状,前足正常,后翅第一臀脉缺,第四脉延伸成燕尾状;幼虫体表光滑,前胸有翻缩性 Y 形腺,为御敌结构。如柑橘凤蝶 *Papilio xuthus*（Linnaeus,1767）、宽尾凤蝶 *Agehana elwesi*（Leech,1889）、青凤蝶 *Graphium sarpedon*（Linnaeus,1758）、金凤蝶 *Papilio machaon*（Linnaeus,1758）、蓝凤蝶 *Papilio protenor*（Cramer,1775）、碧凤蝶 *Papilio bianor*（Cramer,1777）、玉带凤蝶 *Papilio polytes*（Linnaeus,1758）、红珠凤蝶 *Pachliopta aristolochiae*（Fabricius, 1775）、灰绒麝凤蝶 *Byasa mencius*（Felder,1862）、穿翠凤蝶 *Papilio dialis*（Leech,1894）。

柑橘凤蝶生活史

③**粉蝶科** Pieridae:体中小型,前翅三角形,后翅卵圆形,两翅中室皆闭合;幼虫体表密生疣突,有纵纹,以绿色和黄色多见;多以十字花科、豆科植物为食。如菜粉蝶 *Pieris rapae*（Linnaeus, 1758）、东亚豆粉蝶 *Colias poliographus*（Motschulsky,1860）、北黄粉蝶 *Eurema mandarina*（de l'Orza,1869）、黄尖襟粉蝶 *Anthocharis scolymus*（Butler,1866）。

④**灰蝶科** Lycaenidae：小型种，触角有白环纹，复眼周边绕一圈白色鳞片环；雄性鲜艳，有翠、蓝、青、橙、红或古铜色，而雌性较暗；翅腹面斑纹较翅背面丰富；幼虫取食叶、花、果。如酢浆灰蝶 *Zizeeria maha*（Kollar，1844）、红灰蝶 *Lycaena phlaeas*（Linnaeus，1761）、蓝灰蝶 *Everes argiades*（Pallas，1771）、亮灰蝶 *Lampides boeticus*（Linnaeus，1767）、曲纹紫灰蝶 *Chilades pandava*（Horsfield，1829）。

⑤**蛱蝶科** Nymphalidae：前足退化不用，下唇须特别粗壮，前翅坚强，翅白、黄或褐色，有鲜明的斑纹，翅面暗淡，翅缘波浪形。包括原来分类系统中的眼蝶科（中小型蝶，前翅翅脉基部膨大成囊状，翅里翅面具有眼状纹或环纹；触角端部膨大不明显，前足退化；幼虫纺锤形，头大）、斑蝶科（中大型，触角棍棒状，前足退化，翅缘光滑，无尾突，具恶臭；幼虫光滑，具肉棘，散发臭气）、环蝶科（大型种，触角锤节不膨大，前翅外缘挺直，翅正反面斑纹不同，翅里有环纹和纵线条；前足退化，幼虫头顶有2个玫红色疣突）。如斐豹蛱蝶 *Argyreus hyperbius*（Linnaeus，1763）、黑脉蛱蝶 *Hestina assimilis*（Linnaeus，1758）、柳紫闪蛱蝶 *Apatura ilia*（Denis & Schiffermüller，1775）、大红蛱蝶 *Vanessa indica*（Herbst，1794）、黄钩蛱蝶 *Polygonia caureum*（Linnaeus，1758）、二尾蛱蝶 *Polyura narcaeus*（Hewitson，1854）、白带螯蛱蝶 *Charaxes bernardus*（Fabricius，1793）、苎麻黄蛱蝶 *Acraca issorie*（Hubner）、中环蛱蝶 *Neptis hylas*、波纹翠蛱蝶 *Euthalia undosa*（Fruhstorfer）、金斑蝶 *Danaus chrysippus*（Linnaeus，1758）、箭环蝶 *Stichophthalma howqua*（Westwood，1851）、稻眉眼蝶 *Mycalesis gotama*（Moore，1857）、蒙链荫眼蝶 *Neope muirheadii*（Felder，1862）。

图 3-19　鳞翅目代表物种（2）

A.弄蝶科隐纹谷弄蝶；B.凤蝶科宽尾凤蝶；C.粉蝶科菜粉蝶；D.灰蝶科蓝灰蝶；
E.蛱蝶科二尾蛱蝶；F.蛱蝶科金斑蝶；G.蛱蝶科箭环蝶；H.蛱蝶科稻眉眼蝶

（十八）膜翅目 Hymenoptera

前后翅均为膜翅；咀嚼式口器，高等种类为嚼吸式口器；雌虫产卵器发达，高等种类特化为螫针；完全变态，包括各类蜂和蚂蚁；多为捕食性和寄生性，是常见的天敌昆虫和传粉昆虫，属社会性昆虫（图3-20）。

膜翅目物种

根据胸腹部连接方式，可分为广腰亚目和细腰亚目。

● **广腰亚目**：胸腹部广接，腹基部不收缩，呈细腰状；足转节2节；翅脉多；产卵器发达；幼虫植食性。

叶蜂科：中小型，体阔肥胖，触角丝状，无腹柄，翅大；孤雌生殖普遍；有些种类危害农业及林业。如李实蜂 *Hoploampa fulvicornis*，又称李叶蜂，是李果的主要害虫，幼虫蛀食幼果，致使果实很小便停止生长。

● **细腰亚目**：腹基部缢缩，呈细腰状；腹部第1节并入胸部，称为并胸腹节；有尖锐产卵器；多为寄生或捕食性。

①**蚁科** Formicidae：体小，光滑；触角膝状；腹部第1、2节柄状；为多态性社会昆虫，包括蚁后、雄蚁、工蚁等品级。如日本弓背蚁 *Camponotus japonicus*（Mayr, 1866）、山大齿猛蚁 *Odontomachus monticola*（Emery, 1892）、小家蚁 *Monamorium pharaonis*。

②**蜜蜂科** Apidae：体小至大形，多被密毛；嚼吸式口器；触角短，后足为携粉足，有长鬃毛；成虫植食性，是著名的传粉昆虫。根据营巢习性，分为"地下种""地表种"和"地上种"。如意大利蜂 *Apis mellifera*、中华蜜蜂 *Apis cerana*（Fabricius, 1793）、熊蜂 *Bombus* Spp.。

③**胡蜂科** Vespoidae：体型大，颜色鲜艳；体黄、红、黑色，具斑；触角膝状；胸腹部等宽，翅狭长，静止时纵折，群栖；捕食鳞翅目幼虫和取食果汁及嫩叶等；蜂窝用木浆制作。如金环胡蜂 *Vespa mandarinia*（Smith, 1852）、中华马蜂 *Polistes chinensis*（Fabricius, 1793）。

④**土蜂科** Scoliidae：多数种大型，体壮，大多有密毛；体色黑，并有白黄、橘黄或红色的斑点及带；头略成球形，较胸狭；触角短，卷曲；复眼大；前胸背板与中胸紧接，不能活动，其后上方达翅基片。如间色腹土蜂 *Scolia watanabei*（Matsumura, 1912）、金毛长腹土蜂 *Campsomeris prismatica*（Smith, 1855）

⑤**泥蜂科/细腰蜂科** Sphecidae：体形细长，通常黑色，并有黄、橙或红色斑纹；头大，横阔；触角丝状；前胸背板三角形或横形；足细长，前足适于开掘；翅狭；

腹柄通常包括腹部第1、2节及第3节的一部分。成虫以泥土在墙角、屋檐或岩石、土壁做土室,将猎捕的鳞翅目幼虫与直翅目昆虫等封贮,供子代幼虫食用,如长板节腹泥蜂 *Cerceris tiendang* 。

⑥**姬蜂科** Ichneumonidae:黄褐色,腹部细长弯曲,触角长,产卵器大于体长,多为寄生性益虫。如花胫蚜蝇姬蜂 *Diplozon laetatorius* (Fabricius,1781)。

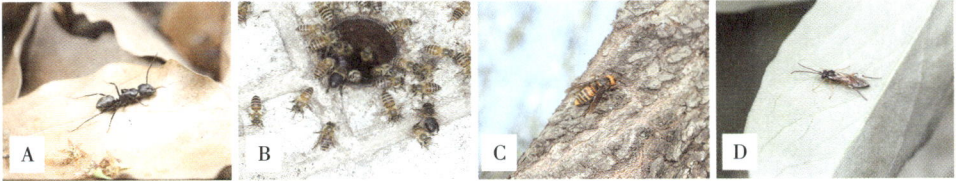

图 3-20　膜翅目代表物种

A.蚁科日本弓背蚁; B.蜜蜂科中华蜜蜂; C.胡蜂科金环胡蜂; D.姬蜂科花胫蚜蝇姬蜂

(十九)双翅目 Diptera

成虫只有一对膜质前翅,后翅特化为棒翅,即平衡棒;口器刺吸式或舐吸式;触角丝状、羽状或具芒状;完全变态,幼虫无足型或蛆型(图 3-21)。该目包括蚊、蝇、虻、蠓;食性杂,包括植食性、捕食性、吸血、腐食性、寄生性。

双翅目物种

根据触角特征、蛹的类型、幼虫形态,双翅目分为长角亚目、短角亚目和环裂亚目。

● **长角亚目**:成虫小,细长;触角长,丝状或羽状;足细长;幼虫水生,蛹为被蛹(翅和附肢等粘于蛹体上不能活动,腹部仅少数体节可活动)。

①**大蚊科** Tipulidae:体和足细长、脆弱,外形似蚊;无单眼;中胸背板有 V 形沟;翅狭长;吸食植物汁液。如稻大蚊 *Tipula aino* 。

②**蚊科** Culicidae:刺吸式口器,喙较长,翅狭长;雌性吸血,雄性吸植物汁液;雌蚊是登革热、疟疾、黄热病、丝虫病、日本脑炎等病原体的中间寄主;幼虫水生,通称"孑孓";体细长,头大颈细,多毛丛。如单色库蚊 *Culex pipiens* (Linnaeus,1758)、白纹伊蚊 *Aedes albopictus* (Skuse,1895)、中华按蚊 *Anopheles sinensis* 等。

③**摇蚊科** Chironomidae:体色多样,翅狭长、透明无鳞片;雌虫丝状触角,雄虫环毛状触角;幼虫咀嚼式口器,食性多样,而成虫口器退化,几不摄食;羽化后有婚飞习性、有强趋光性。具有净化水质等功能,是重要的生物饵料。

● **短角亚目**:体粗壮,中大型,触角短,具芒状;成虫捕食性,幼虫捕食或寄生,蛹为围蛹(蛹的体外由一层坚实不透明的外壳包围。这种外壳是由幼虫最后两次蜕弃的皮和浸润着真皮细胞腺的分泌物包被体外所形成的,具有保护作用,其中的蛹则为离蛹)。

①**虻科** Tabachycera:头大,半球形;刺吸式口器;复眼大,色彩鲜艳或有彩虹,雌虫离眼式,雄虫合眼式;触角牛角状;雌虫吸血,为人畜害虫;雄虫取食花蜜和花粉。如复带虻/双斑黄虻 *Atylotus bivittateinus* 。

②**食虫虻科/盗虻科** Asilidae:体多褐色而粗壮,多毛,眼面大,触角末端具1端刺;足长,能在飞行中捕食;刺吸式口器,长而坚硬,将消化液(有毒的蛋白酶)注入猎物再吸食;捕食性,俗称"昆虫界的魔鬼"。如中华单羽食虫虻/中华盗虻 *Cophinopoda chinensis* 、大琉璃食虫虻 *Microstylum oberthiiri* 。

③**水虻科** Stratiomyidae:小至大型,体长 2~25mm,体细长或粗壮;体色鲜艳,有蓝色或绿色金属光泽;头部较宽,具芒状触角;前胸腹板与前胸侧板一般愈合形成基节前桥;足一般无距,爪间突垫状;幼虫大多数陆生,多腐食性,而成虫有访花习性。如亮斑扁角水虻 *Hermetia illucens* (Linnaeus,1758),俗称黑水虻,与蝇蛆、黄粉虫等昆虫齐名,被誉为"凤凰虫",可替代鱼粉作为饲料蛋白源,已有黑水虻处理餐厨垃圾的产业化项目投入商业化运营。还有黄金指突水虻 *Ptecticus aurifer* (Walker,1854)等。

● **环裂亚目**:中小型,粗壮,多毛;触角具芒状;舐吸式口器;幼虫蛆型,蛹为围蛹,成虫羽化时从蛹一端的环形羽化孔脱出。

①**食蚜蝇科** Syrphidae:色彩鲜艳,体形、声音酷似蜜蜂,拟态;幼虫多捕食蚜虫,为天敌昆虫。如黑带蚜蝇 *Episyrphus balteatus* (De Geer,1776)、羽毛宽盾蚜蝇 *Phytomia zonata* (Fabricius,1787)。

②**丽蝇科** Calliphoridae:常有蓝绿光泽或淡色粉被,胸腹具毛;触角呈芒羽状或栉状;雄虫合眼式,雌虫离眼式;多为腐食性。如红头丽蝇 *Calliphora vicina*、绯颜裸金蝇 *Achoetandrus rufifacies* (Macquart,1843)、丝光绿蝇 *Lucilia sericata*。

③**蝇科** Muscidae:体粗壮,鬃毛少,多灰黑具金属光泽;触角呈芒羽状;舐吸式口器;幼虫称为蝇蛆;腐食性,常传播霍乱、伤寒、痢疾等。如厩腐蝇 *Muscina stabulans*、家蝇 *Musca domestica* (Linnaeus,1758)。

图 3-21　双翅目代表物种

A.蚊科白纹伊蚊；B.食虫虻科大琉璃食虫虻；C.水虻科黄金指突水虻；

D.食蚜蝇科黑带蚜蝇；E.丽蝇科丝光绿蝇；F.水虻科亮斑扁角水虻

二、蛛形纲 Arachnida

蛛形纲,隶属于节肢动物门螯肢亚门,包括蜘蛛、蝎、蜱、螨等,现存种可分为2亚纲11目。蜘蛛目是蛛形纲第二大目,分属于3个亚目135科,其数目仅次于蜱螨目,全世界约有4万余种,我国有5000多种。蜘蛛的身体分头胸部和腹部,两部分由腹柄相连;头前部长有一对螯肢,螯肢末端是有毒腺导管的毒牙;在胸部两侧还有四对足;眼是单眼,多数种类是8个眼,也有6个、4个或2个眼,也有无眼的;雄蛛触肢特化为触肢器(图3-22)。蜘蛛在生活中多被用于生物防治和医药方面。实习基地有记录的蜘蛛目动物有5科13种。

蛛形纲物种

（一）蜘蛛目 Araneae

①园蛛科 Araneidae:微小至特大型,体长2~60mm。体色变化极大,甚至同种也具有一些明显的体色变化。8眼排成2横列,着生在头区前端;中眼域方形或梯形,雄蛛中眼域通常向前延伸。中窝纵向、横向或点状。螯肢粗壮,有侧结节。步足多刺,末端具3爪。腹部形状多变,因种而异。触肢器复杂,触肢跗节(跗舟)基部通常具有1个钩状突起(副跗舟)。雌蛛外雌器,腹面通常具1个垂体。多数种类在春夏季成熟。雄蛛个体长度通常小于雌蛛,且雌雄存在异形现

象(即同一种的雌蛛和雄蛛在体型、体色和斑纹等方面存在差异),部分种类曾因极端的雌雄异形现象而被归入不同属中。本科是蜘蛛目第三大科,是结网蜘蛛的典型代表。如横纹金蛛 *Argiope bruennichi*(Scopoli,1772)、小悦目金蛛 *Argiope minuta*(Karsch,1879)、悦目金蛛 *Argiope amoena*(L. Koch,1878)、目金蛛 *Argiope ocula*(Fox,1938)、十字园蛛 *Araneus diadematus*(Clerck,1757)、大腹园蛛 *Araneus ventricosus*(L. Koch,1878)、生驹云斑蛛 *Cyrtophora ikomosanensis*(Bösenberg & Strand,1906)。

②**跳蛛科** Salticidae:跳蛛多数为小型蜘蛛,少数为中型(3~17mm)。蝇象 *Hyllus* spp.体长甚至可达25mm,是跳蛛中体型较大的属。跳蛛与其他蜘蛛最大的区别在于它们的眼睛,其8眼分成3列,前中眼巨大。头胸部常向上突出;螯肢常常在雄蛛中有延长和特化,用以与雌蛛错开生态位。蚁蛛属 *Myrmarachne* 中此特点最为明显。身体覆有鳞状毛,雄蛛常比雌蛛更为鲜艳。步足形态多变,雄蛛第一步足较为粗壮,在争夺交配权中常起到重要作用。如白斑猎蛛 *Evarcha albaria*(L. Koch,1878)。

③**拟扁蛛科** Selenopidae:拟扁蛛身体扁平,中到大型,体长6~23mm。无筛器。头胸部宽大于长。8眼2列,第一列6眼,第二列2眼,相互远离。螯肢无侧结节,前、后齿堤有齿。颚叶的侧缘近乎平行,末端有毛丛。步足横行,步足末端具2爪;第四步足的基节最长;前2对步足的后跗节和跗节的腹面有毛丛。通常在岩石、树皮下或房屋的缝隙中生活,夜行性,不结网。如袋拟扁蛛 *Selenops bursarius*(Karsch,1879)。

④**巨蟹蛛科** Sparassidae:巨蟹蛛体中型到特大型,体长6~40mm。无筛器。头胸部卵圆形,前部较窄。8眼2列,眼的大小、间距和2列列的凹曲随亚科和属而异。螯肢有侧结节。步足一般长而粗壮,左右伸展,后跗节和跗节下方有毛丛,跗节具2爪,爪下有毛簇。腹部大多卵圆形,背面多数具斑纹,通常中部有黑色心形斑。书肺2个;腹部末端具3对纺器。本科不同于其他横行类的明显鉴别特征是步足后跗节的关节末端具三裂片膜。如白额巨蟹蛛 *Heteropoda venatoria*(Linnaeus,1767)。

⑤**狼蛛科** Lycosidae:狼蛛具8眼,以4—2—2式排列成3列。前眼几乎等大,后中眼最大,为主眼。步足末端具3爪。雌蛛具有用纺器携带卵囊和腹部携幼等特殊行为而区别于其他科蜘蛛。狼蛛体长跨度较大,1~30mm。体色以暗灰色为主,习性多样。如星豹蛛 *Pardosa astrigera*(L. Koch,1878)、沟

拟环纹豹蛛生活史

渠豹蛛 *Pardosa laura*（Karsch，1879）、拟水狼蛛 *Pirata subpiraticus*（Bösenberg & Strand，1906）、拟环纹豹蛛 *Pardosa pseudoannulata*（Bösenberg & Strand，1906）。

图 3-22　蜘蛛目代表物种
A.园蛛科悦目金蛛；B.跳蛛科白斑猎蛛；C.拟扁蛛科袋拟扁蛛；
D.巨蟹蛛科白额巨蟹蛛；E.狼蛛科沟渠豹蛛

三、其他常见无脊椎动物

（一）软体动物门Mollusca

1.腹足纲Gastropod

腹足纲是软体动物中数量最多的一个类群，现存种类约75000千种，广泛分布于海洋、淡水和陆地。头部明显，身体左右不对称，神经扭转成"8"字形；足通常位于腹部，具有爬行和游泳等功能。背部多具有一个螺旋状的贝壳（图3-23）。

中华圆田螺 *Cipangopaludina cathayensis*

分类地位　田螺科Viviparidae，田螺属 *Cipangopaludina*

形态特征　壳质薄而坚固，外形呈卵圆形，螺旋部外形呈长圆锥形，其高度大于口的高度。壳高一般在50mm，有6～7个螺层，各螺层在宽度上增长迅速。壳顶尖锐。缝合线明显。壳面呈黄褐色或黄绿色，光滑，无肋，具有明显的生长线。

习性　生活在水草茂盛的湖泊、河流、池塘、水库、河沟及稻田内。

梨形环棱螺 *Beltamya purificata*

分类地位　田螺科Viviparidae，环棱螺属 *Beltamya*

形态特征　贝壳中等大小，壳质厚，坚实，外形呈梨形。有6～7个螺层，各螺层在宽度上增长比方形环棱螺迅速，壳面外凸，螺旋部呈宽圆锥形，体螺层膨胀。壳顶尖。缝合线深。壳面呈黄褐色或黄绿色。具有微弱的螺棱，体螺层上的螺棱较明显。壳口卵圆形,厣黄褐色,卵圆形,具有细密的同心圆的生长纹,厣核靠近内唇中央。

习性 生活在湖泊、池塘及河流内。

方格短沟蜷 Semisulcospira cancellata

分类地位 肋蜷科 Plenroseridae,短沟蜷属 Semisulcospira

形态特征 贝壳中等大小,壳质厚,坚固,外形呈长圆锥形。有12个螺层,各螺层缓慢均匀增长。各螺层略外凸,螺旋部呈瘦长圆锥形。壳面呈黄褐色,有的标本具有2~3条深褐色色带,上有不太明显的螺纹及发达的纵肋,螺纹及纵肋两者相连形成方格状的花样,相交并形成瘤状结节。体螺层上具有12~15条纵肋,体螺层下部具有3条螺棱。厣角质,卵圆形,淡黄色,具有多旋形兼螺旋形的生长纹,厣核偏向16下缘。无脐孔。

习性 栖息在水流缓慢、水质清澈、水草丰盛的,泥、泥沙或泥底质的湖泊、河流、沟渠、池塘内,常附着在水草上或水底部爬行。

图3-23 腹足纲代表物种

A.田螺科中华圆田螺;B.田螺科梨形环棱螺;C.肋蜷科方格短沟蜷

2.瓣鳃纲 Lamellibranchia

瓣鳃纲动物全部生活在水中,多数为海产,少数生活在淡水,身体被一对发达的左右壳包裹,因而也被称为双壳纲(图3-24)。头不明显,无口腔和齿舌,足侧扁呈斧头状,鳃呈瓣状。海产种类体外受精、体外卵发育,有担轮幼虫和面盘幼虫等发育阶段。淡水种类多为体内受精,受精卵在外鳃腔中发育为钩介幼虫,后在鱼鳃上寄生生活一段时间,脱落发育为幼蚌。已发现的种类均可食用,部分可用于培育珍珠,具有重要的经济价值。

圆背角无齿蚌 Anodonta woodiana pacifica

分类地位 蚌科 Uojonidae,无齿蚌属 Anodonta

形态特征 壳大型、壳质较薄,易碎,两壳极膨胀,外形呈有角突的卵圆形。壳长大于壳高的1.5倍。两壳稍膨胀,后背缘向上略有倾斜,与后缘的背部形成一个显著的钝角突起;后缘呈斜切状,腹缘呈弧形;壳顶膨胀,约位于背缘距前端1/3处。壳面光滑,具有细致的不规则的同心环状生长轮脉。铰合部弱,无齿。

习性 多栖息于水流略缓或静水水域(如小河、湖泊、池塘、稻田)的淤泥底。

三角帆蚌 *Hyriopsis cumingii*

分类地位 蚌科 Uojonidae,帆蚌属 *Hyriopsis*

形态特征 贝壳大型,扁平,壳质很厚,坚硬,外形略呈不整齐四边形。前背缘极短。后背缘与后缘向上伸展,形成三角形帆状的后翼,约占贝壳表面积的1/4。

三角帆蚌生活史

习性 本种为我国特有种。栖息于常年水位不干涸的大、中型湖泊及河流内,喜生活在水质清、水流急,底质略硬的泥沙底或泥底的水域。

沼蛤 *Limnoperna fortune*

分类地位 贻贝科 Mytilidae,沼蛤属 *Limnoperna*

形态特征 俗称珠蚌,壳质较薄,但较坚硬。幼贝呈淡棕色,成贝呈深棕色或黑色,腹部颜色较浅。头部较宽但扁平,通过开启双壳和外部发生水体交换,以鳃被动滤食水中有机碎屑、细菌、藻类及原生动物;尾部窄而厚,通过发达的足丝营固着生活。对环境的适应能力极强,多栖息在流水较缓的水域,广泛分布于长江中下游及江南地区。

河蚬 *Corbicula fluminea*

分类地位 蚬科 Corbiculidae,蚬属 *Corbicula*

形态特征 贝壳中等大小,壳质厚而坚硬,两壳膨胀,外形呈正三角形。壳顶膨胀,突出,向内和向前弯曲,前缘、腹缘和后缘相连成半圆形,生长线粗疏。左壳前端2个主齿大,呈"八"字形排列。珍珠层淡紫色、鲜紫色,并有瓷状光泽。

习性 栖息于淡水、咸淡水的江河、湖泊、沟渠、池塘内,特别是在江河入海咸淡水交汇的江河中产量大,在水流较急或水流较缓的河湾、湖泊中产量亦大。

图 3-24　瓣鳃纲代表物种

A.蚌科圆背角无齿蚌；B.蚌科三角帆蚌；C.贻贝科沼蛤；D.蚬科河蚬

(二)节肢动物门

1.倍足纲 Diplopoda(图 3-25)

山蛩虫 *Spirobolus bungii* Brandt

> **分类地位**　山蛩目 Spirobolida,山蛩科 Spirobolidae,山蛩属 *Spirobolus*

> **形态特征**　体长而稍扁,暗褐色,背面两侧和步肢赤黄色。身体 2—4 节各有一对步肢,自 5 节开始各有两对。具 11 对臭腺,遇到刺激后,发散特殊臭气。

> **习性**　栖息于潮湿耕地或石堆下、树木的背阴处,喜成群居,食腐殖质。

约安巨马陆 *Prospirobolus joannsi* Brolemann

> **分类地位**　带马陆目 Spirobolida,圆马陆科 Spirobolidae,巨马陆属 *Prospirobolus*

> **形态特征**　体长圆形,表面光滑;由多数环节组成,从颈板到肛节,约有体节 64 个。头部两侧有许多单眼,集合成 2 团,形似复眼。触角 1 对,有毛,长约 5mm。口器包括大小颚各 1 对,小颚愈合成为颚唇。体背面黑褐色,后缘淡褐色,前缘盖住部分淡黄色。颈板半圆形,深褐色。

> **习性**　多栖于阴湿地区,食草根及腐败的植物,有臭腺,触之则蜷缩不动,并放出恶臭。

图 3-25　倍足纲代表物种

A.圆马陆科约安巨马陆；B.山蛩科山蛩虫

2.甲壳纲 Crustacea

锯齿华溪蟹 *Sinopotamon denticulatum*

分类地位 十足目 Decapoda，华溪蟹科 Potamidae，华溪蟹属 *Sinopotamon*

形态特征 锯齿华溪蟹（图 3-26）头胸甲扁平，两侧稍隆起，宽度大于长度，前侧缘中间部位为头胸甲最宽处。额弯向下方，额缘中部明显内凹。

习性 生活在山溪石下或溪岸两旁的水草丛和泥沙间，有些也穴居于河、湖、沟渠岸边的洞穴里。杂食性，但偏喜肉食，主要以鱼、虾、昆虫、螺类以及死烂腐臭的动物尸体为食。

图 3-26　甲壳纲代表物种
A.华溪蟹科锯齿华溪蟹背面；B.华溪蟹科锯齿华溪蟹腹面

四、鱼类 Fishes

鱼类是一类体被骨鳞、以鳃呼吸、用鳍作为运动器官并以颌摄食的变温水生脊椎动物。鱼类是有颌类的开始，为有颌类中最原始、最古老的类群，也是脊椎动物亚门中最大的分类类群。鱼类的主要特征包括：身体分头部、躯干部和尾部，出现了上、下颌，用鳃呼吸、以鳍运动；皮肤分为表皮和真皮，皮肤衍生物包括色素细胞、黏液腺、毒腺、发光器、鳞片等；骨骼分为中轴骨骼和附肢骨骼。肌肉分化少，分节排列，包括头部肌、躯干肌和附肢肌；用鳃呼吸，血液循环系统为单循环；排泄系统由中肾、输尿管和膀胱组成；神经系统由中枢神经系统、外周神经系统和植物性神经系统三部分组成。感觉器官包括视觉器官、听平衡觉器官、嗅觉器官、皮肤感受器。

现存的鱼类共有32000多种，按照形态、骨骼、繁殖方式、胚胎发育类型、生活习性、栖息环境、食性和分子生物学等特征，根据 Nelson 等（2016）分类系统可分为 13 个纲,其中种类最为丰富的是软骨鱼纲 Chondrichthyes 和硬骨鱼纲 Oste-ichthyes。天姥山野外实习基地区域记录有鱼类 4 目 11 科 81 种,其中鲤形目 Cypriniformes 鲤科 Cyprinidae 56 种,鳅科 Cobitidae 5 种,平鳍鳅科 Homalopteridae 1 种;鲇形目 Siluriformes 鲿科 Bagridae 8 种,鲇科 Siluridae 1 种;合鳃鱼目 Synbranchiformes 合鳃鱼科 Synbranchidae 1 种;鲈形目 Perciformes 鮨科 Serranidae 1 种,沙塘鳢科 Odontobutidae 2 种,虾虎鱼科 Gobiidae 2 种,丝足鲈科 Osphronemidae 2 种,鳢科 Channidae 1 种,刺鳅科 Mastacembelidae 1 种。

(一)鲤形目 Cypriniformes

鲤形目是淡水鱼类的最大家族,分布极为广泛,演化出各种不同的生态习性以适应不同的地理环境,因此,鱼类体形非常多样化。本目的共同特征是口唇可伸缩且无齿,最后鳃弓扩大特化为下咽骨,上具下咽齿 1～3 行。头部无鳞片,体被圆鳞或裸露。前四块脊椎骨形变成骨片,称韦伯氏器,用来传递声音。鳍无棘,背鳍、臀鳍不分枝鳍条,有硬刺或软刺 2～3 枚。背鳍 1 个,无脂鳍,胸鳍下侧位,腹鳍腹位。

鲤形目物种

鲤形目分科的主要依据是口前吻部吻须数量,下咽齿排列的行数及每行齿数,头部和身体前部形状以及偶鳍是否平展。

① **鲤科** Cyprinidae(图 3-27):体被圆鳞,头部裸出。口裂上缘仅由前颌骨组成,口通常能伸缩自如。口无须或有须 1～2 对,只鳅鮀亚科为 4 对。口内无牙,口下位、前位或上位。下咽齿 1～3 行(每行不超过 7 个),具咽磨。鳔大,分前后两室或三室。鱼丹亚科 Danioninae,如马口鱼 *Opsariichthys bidens*;雅罗鱼亚科 Leuciscinae,如草鱼 *Ctenopharyngodon idellus*;鲌亚科 Danioninae,如翘嘴鲌 *Culter alburnus*;鲴亚科 Xenocyprinae,如圆吻鲴 *Distoechodon tumirostris*;鲢亚科 Hypophthalmichthyinae,如鳙 *Aristichthys nobilis*;鮈亚科 Gobioninae,如长吻鱼骨 *Hemibarbus longirostris*;鳑鲏亚科 Acheilognathinae,如中华鳑鲏 *Rhodeus sinensis*;鲃亚科 Barbinae,如光唇鱼 *Acrossocheilus fasciatus*;鲤亚科 Cyprininae,如鲤 *Cyprinus carpio*。

② **鳅科** Cobitidae(图 3-28):体延长,圆筒形,覆有细鳞或裸露。口须 3～6 对;下咽齿 1 行,约有 10 枚。无咽磨。鳔小,盲鳔前室包于骨囊中。体被细鳞或裸露。偶鳍不平展。如泥鳅 *Misgurnus anguillicaudatus*。

③**平鳍鳅科**Homalopteridae(图3-28):体前部平扁,上颌边缘仅由前颌骨组成;口下位,至少有2对吻须和1对颌须。无咽膜,无眼下棘,胸鳍与腹鳍向左、右平展。生活于山涧急流中,借胸鳍、腹鳍和鱼体的腹部附着于石上,形成特殊的吸盘。本科在实习基地仅1种——浙南原缨口鳅 *Vanmanenia stenosoma*。

图3-27　鲤形目鲤科代表物种

A.鱼丹亚科马口鱼;B.雅罗鱼亚科草鱼;C.鲌亚科翘嘴鲌;D.鲴亚科圆吻鲴;
E.鲢亚科鳙;F.鮈亚科长吻鱼骨;G.鳑鲏亚科中华鳑鲏;H.鲃亚科光唇鱼;I.鲤亚科鲤

图3-28　鲤形目鳅科和平鳍鳅科代表物种

A.鳅科泥鳅;B.平鳍鳅科浙南原缨口鳅（背面）;C.平鳍鳅科浙南原缨口鳅（腹面）

(二)鲇形目 Siluriformes

外形一般为头部略三角或略平扁,尾部侧扁而略延长;体裸出或被骨板,死后多分泌黏液。吻部有一对到多对长须。通常背部有脂鳍;胸鳍位低,具一强大的骨质棘。鳔大,分3室,无幽门盲囊。与鲤形目相同,也由韦伯氏器来感受体内外震动。

鲇形目物种

鲇形目(图3-29)分科的主要依据为脂鳍的有无,背鳍的有无,背鳍有无硬刺,腹鳍和臀鳍鳍条数量;口须数量(1~4对)等。

图3-29 鲇形目代表物种
A.鲿科光泽黄颡鱼;B.鲿科盎堂拟鲿;C.鲿科叉尾鮠;D.鲇科鲇

①鲿科 Bagridae:体延长,前部粗壮,尾部侧扁。头平扁,吻圆钝。口前位或下位,唇肥厚,具有唇沟及唇褶。两颌及颚骨具绒毛状牙带。头部须4对(鼻须1对,颌须1对,颐须2对)。鳃盖膜与峡部不相连。皮肤光滑无鳞,侧线完全。背鳍、胸鳍都有较粗硬棘,背鳍刺后缘具锯齿,胸鳍刺前缘光滑,后缘也有锯齿。背有脂鳍。体无鳞。天姥山常见鲿科鱼类有8种,代表性物种如光泽黄颡鱼 *Pelteobagrus nitidus*、盎堂拟鲿 *Pseudobagrus ondon*、叉尾鮠 *Leiocassis tenuifurcatus*。

②鲇科 Siluridae：体延长，稍侧扁。口大，上位，须多数2对。吻部短而宽圆，上、下颌及锄骨均有绒毛状细齿带。体表裸露，没有鳞片被覆，富黏液。背鳍短小无硬棘刺，臀鳍长，分枝鳍条50—85根；无脂鳍。天姥山鲇科鱼类代表性物种如鲇 *Silurus asotus*。

(三)合鳃鱼目 Synbranchiformes

体呈鳗形。口裂上缘由前颌骨及部分颌骨组成。鳃孔位于头的腹面，左右鳃孔相连合成一横裂。体裸露无鳞。背鳍、臀鳍和尾鳍常相连，无胸鳍，腹鳍很小，鳃通常退化，咽和肠的皮肤黏膜具有呼吸的功能，无鳔。我国仅合鳃鱼科(Synbranchidae)1科，黄鳝属(*Monopterus*)1属，黄鳝 *Monopterus albus* 1种(图3-30)。

合鳃目物种

图3-30　合鳃鱼目合鳃鱼科黄鳝

(四)鲈形目 Perciformes

鲈形目(图3-31)是鱼类中最大的目，也是脊椎动物中最大的目。其形状、大小各异，分布极为广泛，在海洋脊椎动物中占主导地位，也是许多热带和亚热带淡水鱼类中的主要群体之一。背鳍1～2个，背鳍2个时前背鳍全为硬棘，后背鳍为软鳍条。体被栉鳞，少数种类为圆鳞。鳃盖骨发达，后缘常具棘齿。一般具上、下肋骨，鳔无鳔管。

鲈形目物种

图 3-31　鲈形目代表物种
A.鮨科鳜；B.沙塘鳢科河川沙塘鳢；C.虾虎鱼科李氏吻虾虎鱼；
D.丝足鲈科圆尾斗鱼；E.鳢科乌鳢；F.刺鳅科刺鳅

鲈形目分科的主要依据是腹鳍是否左右分开、形成吸盘，背鳍是否相连，鳍棘是否发达，臀鳍鳍棘数量，体形是否呈鳗形。

①**鮨科** Sinipercidae：鳞片为圆鳞，头部顶部裸露。背鳍连续或分离，背鳍棘6～15根，鳍条10～30根；臀鳍短，一般有3根棘，7～12根鳍条；尾鳍圆形。如鳜 *Siniperca chuats*。

②**沙塘鳢科** Odontobutidae：肩胛骨大，与匙骨相接。鳃盖条6根。腹鳍不愈合，无侧线。如河川沙塘鳢 *Odontobutis potamophila*。

③**虾虎鱼科** Gobiidae：体延长、侧扁，或呈鳗形。腹鳍左右愈合成一吸盘，或缺失。体被圆鳞或栉鳞（少数缺失）。背鳍具4～10个弱棘，与软棘分离。鳃盖条5根。无侧线；头部密布感觉沟。如李氏吻虾虎鱼 *Rhinogobius leavelli*。

④**丝足鲈科** Osphronemidae：体呈椭圆或稍延长，极侧扁，头小而吻短。体被栉鳞。腹鳍第一根软鳍条延伸为丝状。第一鳃弧之上部变形为迷器，可直接呼吸空气。繁殖期亲鱼有筑泡巢及照顾子代的行为。如圆尾斗鱼 *Macropodus ocellatus*。

⑤**鳢科** Channidae：头平扁，似蛇头；口大，前位，两颌、犁骨及颚骨均有绒毛状细牙或犬齿形牙。鳃上腔有发达的鳃上器，咽部也分布有丰富的血管，能直接呼吸。头、体被圆鳞，头顶鳞片大型。背鳍与臀鳍无棘。如乌鳢 *Channa argus*。

⑥**刺鳅科** Mastacembelidae：体延长，呈鳗形。头侧扁小而尖。吻部向前伸出成吻突。眼小，眼下有硬棘，埋于皮下。背鳍极长，鳍棘孤立9～42，其末端与尾鳍相连。臀鳍较短，通常有2～3个硬棘，腹鳍退化消失。如刺鳅 *Mastacembelus aculeatus*。

五、两栖纲 Amphibia

两栖纲是一类较原始的、初登陆的具有五趾形四肢的动物,是最先由水生环境登上陆地环境生活的脊椎动物类群。个体发育中有一个变态过程,经历以鳃呼吸、水体生活的幼体阶段,和在短期内完成变态,以肺呼吸、能营陆地生活的成体阶段。现存的两栖纲动物约4200种,根据生活方式、形态结构差异,分无足目Apoda、有尾目Urodela、无尾目Anura/蛙形目 Salientia 3个目。我国现有11科40属270余种。实习基地有记录的两栖类动物24种,其中有尾目3科5属5种,无尾目6科17属19种。

(一)有尾目 Urodela

皮肤光滑湿润或粗糙,体表裸露无鳞;头部较扁,颈短,躯干长圆形,体侧常有肋沟;尾发达,终生存在。四肢匀称,指4趾5或4,无蹼,眼小,水生种类无眼睑,陆生种类有活动性眼睑;无鼓膜、鼓室和咽鼓管;舌后端不完全游离,不能翻出摄食。椎体双凹型或后凹型,有肋骨。幼体鳃呼吸,成体肺呼吸;卵生,体外受精或体内受精;捕食性。

有尾目(图3-32)分科的主要依据是梨骨齿排列形式、肋沟、椎体类型等。

有尾目物种

①**蝾螈科 Salamandridae**:梨骨齿,呈"ˆ"型,头躯略扁平,皮肤光滑或有瘰疣,脊棱弱或显,肋沟不明显,陆栖种的尾略呈圆柱状或略侧扁;四肢较发达,指4趾5。椎体多为后凹型;体内受精,雌螈将雄螈排出的精包纳入泄殖腔壁。如东方蝾螈 *Cynops orientalis*、中国瘰螈 *Paramesotriton chinesis*、秉志肥螈 *Pachytriton granulosus*。

②**隐鳃鲵科 Cryptobranchidae**:梨骨前缘有一横裂梨骨齿,头宽大而扁平,眼小,口大,无眼睑,椎体双凹型;成体保持有鳃裂,体表皮肤较为光滑,体侧有皮肤褶皱,四肢肥短,指4趾5,尾巴长而侧扁。体外受精,卵带呈长念珠状,雄鲵有孵卵习性。它是世界上最大的两栖动物,最长可达2米多。如中国大鲵 *Andrias davidianus*。

③**小鲵科 Hynobiidae**:有尾目中比较原始的类群,梨骨齿呈"ˆ"或"V",四肢较发达,指4趾5或4;皮肤光滑无疣粒,有活动性眼睑和颈褶,体侧有肋沟,椎体双凹型,体外受精。雄鲵泄殖腔壁无乳突,雌鲵无贮精囊。如义乌小鲵 *Hynobius yiwuensis*。

图 3-32　有尾目代表物种
A.蝾螈科东方蝾螈；B.大鲵科中国大鲵；C.小鲵科义乌小鲵

（二）无尾目 Anura/蛙形目 Salientia

成体体宽而短，头部略呈三角形；四肢强健，前肢短，后肢长，趾间一般有蹼；成体无鳃，无尾；皮肤一般光滑，裸露富含黏液腺，有的皮肤上有疣粒或瘰粒；口大，舌末端多游离，可翻出摄食；有活动性眼睑；下颌无齿，上颌有细齿；

无尾目物种

鼓膜明显或无；大多有明显的第二性征，如雄性有声囊，前肢粗壮，有婚垫、婚刺或角质刺；以昆虫和多种小动物为食，是农林草地害虫的天敌。卵生，多数行体外受精；幼体蝌蚪有鳃和尾。

无尾目（图 3-33）分科的主要特征为肩带类型（固胸型和弧胸型）、椎体类型、声囊类型等。

固胸型：肩带和胸骨连接的一种类型，左右上喙软骨小，外侧与前喙软骨和喙骨相连，内侧左右上喙软骨在腹中线紧密相连而不重叠，肩带不能通过上喙软骨左右交错活动，如姬蛙科、蛙科、树蛙科。

弧胸型：肩带和胸骨连接的一种类型，左右上喙软骨大，外侧与前喙软骨和喙骨相连，内侧左右上喙软骨不相连，彼此重叠，肩带可通过上喙软骨在腹面左右交错活动，如角蟾科、蟾蜍科、雨蛙科。

①**树蛙科** Rhacophoridae：树栖，具有吸盘状足垫，弧胸形，椎体参差型，卵产于泡沫内。如斑腿泛树蛙 *Polypedates megacephalus*（Hallowell 1860）、大树蛙 *Rhacophorus dennysi*。

②**雨蛙科** Hylidae：肩带弧胸型，椎体为前凹型；体表无疣粒，指端末端膨大成吸盘状，适于吸附在植物叶片上。如中国雨蛙 *Hyla chinensis*。

③**角蟾科** Megophryidae：皮肤光滑或有大小疣粒，舌卵圆，后端游离，有缺刻；指趾末端不呈吸盘状，指趾间无蹼；肩带弧胸型，椎体变凹形。如淡肩角蟾 *Megophrys boettgeri*。

④**姬蛙科** Microhylidae：头狭小，口小；指间无蹼，弧胸形；椎体前凹型。如小弧斑姬蛙 *Microhyla heymonsi*、饰纹姬蛙 *Microhyla fissipes*。

⑤**蟾蜍科** Bufonidae：身体粗壮，有疣粒，或有耳后腺，鼓膜明显；舌端游离无缺刻；椎体前凹型，无肋骨，产卵于胶质卵带内；具有生物防治作用，有益系数达90%。如中华蟾蜍 *Bufo gargarizans*。

⑥**蛙科** Ranidae：肩带固胸型，舌端游离、有缺刻，椎体参差型，不具肋骨，具有生物防治作用，有益系数高。如镇海林蛙 *Rana zhenhaiensis*、天台粗皮蛙 *Glandirana tientaiensis*、天目臭蛙 *Odorrana tianmuii*、大绿臭蛙 *Odorrana graminea*、阔褶水蛙 *Sylvirana latouchii*、金线侧褶蛙 *Pelophylax plancyi*、华南湍蛙 *Amolops ricketti*、黑斑侧褶蛙 *Pelophylax nigromaculatus*、弹琴蛙 *Nidirana adenopleura*、泽蛙 *Fejervarya limnocharis*（Hallowell，1861）、棘胸蛙 *Quasipaa spinosa*、虎纹蛙 *Hoplobatrachus chinensis*。

图 3-33　无尾目代表物种
A.树蛙科大树蛙；B.雨蛙科中国雨蛙；C.角蟾科淡肩角蟾；
D.姬蛙科饰纹姬蛙；E.蟾蜍科中华蟾蜍；F.蛙科泽蛙

六、爬行纲 Reptilia

爬行纲是体被角质鳞片或硬甲、在陆地繁殖的变温羊膜动物，是真正的陆栖脊椎动物。我国现存的爬行动物有龟鳖目 Testudoformes、蜥蜴目 Lacertiformes、蛇目 Serpentiformes、鳄目 Crocodilia 4 大类群。其中龟鳖目现已知有 6 科 21 属 37 种，蜥蜴目有 9 科 39 属 156 种，蛇目有 8 科 64 属 203 种，鳄目有 1 科 1 属

1种。天姥山野外实习基地有记录的爬行类动物有41种,其中龟鳖目有3科5属5种,蛇目有3科20属29种,蜥蜴目有4科6属8种。

(一)蛇目 Serpentiformes

蛇类是蜥蜴在进化过程中高度特化的一个分支。体细长,四肢退化,带骨和胸骨退化;左右下颌骨以弹性韧带连接,无活动性眼睑,无鼓膜,椎体前凹形。除环椎和尾椎,其余椎体上都附有可动的肋骨,是蛇类向前爬行的主要支持器官。成对的内脏器官因受体形影响,其左右对称的位置变换成前后交叉排列或一侧退化;营穴居、攀缘生活。

蛇目物种

蛇目(图3-34)分科、属的依据主要是鳞被特征、上颌齿和交接器的特征。

①**游蛇科** Colubridae:蛇目中种类最多的科,2/3的蛇类属于此科。头顶有对称大鳞片,腹鳞宽大;上下颌都有牙齿;少数种类上颌骨有2~4枚较大的后沟牙;大多数属于无毒蛇;卵生或卵胎生。如赤链华游蛇 *Sinonatrix annularis*、草腹链蛇 *Amphiesma stolatum*、赤链蛇 *Lycodon rufozonatus*、翠青蛇 *Cyclophiops major*、钝尾两头蛇 *Calamaria septentrionalis*、黑眉锦蛇 *Elaphe taeniura*、黑头剑蛇 *Sibynophis chinensis*、红点锦蛇 *Elaphe rufodorsata*(Cantor,1842)、双斑锦蛇 *Elaphe bimaculata*、王锦蛇 *Elaphe carinata*、玉斑锦蛇 *Elaphe mandarina*、紫灰锦蛇 *Elaphe porphyracea*、虎斑颈槽蛇 *Rhabdophis tigrinus*、绞花林蛇 *Boiga kraepelini*、滑鼠蛇 *Ptyas mucosus*(Linnaeus,1758)、灰鼠蛇 *Ptyas korros*、黄斑渔游蛇 *Xenochrophis piscator*、黄链蛇 *Dinodon flavozonatum*、颈棱蛇 *Macropisthodon rudis*、乌华游蛇 *Trimerodytes percarinatus*、乌梢蛇 *Zaocys dhumnades*、锈链腹链蛇 *Amphiesma craspedogaster*、中国钝头蛇 *Pareas chinensis*、中国小头蛇 *Oligodon chinensis*。

②**蝰科** Viperidae:上颌骨短而高,附生着长而弯曲的管牙及若干副牙;由于头骨的机械活动,闭口时上颌骨及管牙卧倒于口腔顶部,张口时竖立起来;全是毒蛇,蛇毒为血循毒,主要作用于心血管系统和血液;具有红外线热能感受器。如尖吻蝮 *Deinagkistrodon acutus*、短尾蝮 *Gloydius brevicaudus*、原矛头蝮 *Protobothrops mucrosquamatus*。

③**眼镜蛇科** Elapidae:上颌骨的前部有一对较大的前沟牙,其后还有几枚预备毒牙;蛇毒为神经毒,主要作用于人和动物的神经系统;50%毒蛇隶属于本科。如舟山眼镜蛇 *Naja atra*、银环蛇 *Bungarus multicinctus*。

图 3-34 蛇目代表物种
A.游蛇科乌梢蛇；B.蝰蛇科原矛头蝮；C.眼镜蛇科银环蛇

(二)蜥蜴目 Lacertiformes

体被形态各异的角质鳞片，头骨双颞窝型，两颌附生端生齿或侧生齿；眼睑可动，舌扁平，能伸缩；多数种类四肢发达，尾较长，有断尾逃生的能力；肺呼吸，有肩带和胸骨，呼吸周期为主动呼气—被动吸气—主动吸气；大多陆栖，也有树栖、半水栖或穴居生活。

蜥蜴目物种

蜥蜴目(图 3-35)分科、属主要依据是鳞被征状，包括鳞片的大小、形状、数目、排列和起棱情况，椎体类型、眼睑是否活动，齿的类型和指趾端是否扩张等。

①**蜥蜴科** Lacertidae：头顶有对称的大鳞片，腹部鳞片矩形，排列成行；四肢发达，尾易断，易再生。如北草蜥 *Takydromus septentrionalis*、山地麻蜥 *Eremias brenchleyi*、丽斑麻蜥 *Eremias argus*。

②**石龙子科** Scincidae：头顶有对称排列的大鳞片，全身被圆鳞，覆瓦状排列，角质鳞下具有真皮性骨板，侧生齿，尾粗圆，有自残能力。如蓝尾石龙子 *Eumeces elegans* (Boulenger,1887)、宁波滑蜥 *Scincella modesta* (Günther,1864)、铜蜓蜥 *Sphenomorphus indicus*、中国石龙子 *Eumeces chinensis*。

③**壁虎科** Gekkonidae：有颗粒状鳞片，无活动性眼睑，指端有吸盘状指垫，椎体双凹型，尾有自残现象，再生能力强；夜行性，以蚊蝇等昆虫为食，会发出叫声。如多疣壁虎 *Gekko japonicus*、铅山壁虎 *Gekko hokouensis*。

④**蛇蜥科** Anguidae：可以分成 4 个亚科，其中侧褶蜥亚科 Gerrhonotinae 和肢蛇蜥亚科 Diploglossinae 的物种四肢健全；蛇蜥亚科 Anguinae 和蠕蜥亚科 Anniellidae 的则四肢退化，外形似蛇。实习基地分布有脆蛇蜥 *Ophisaurus harti*，全身有覆瓦状鳞片，无四肢，但有肢带的残迹；头部背面有大型的鳞片；腹部鳞片光滑；尾部腹面的鳞有棱；尾比体约长 2 倍，因尾易断而得名；为国家二级保护动物。

图 3-35　蜥蜴目代表物种
A.蜥蜴科北草蜥；B.石龙子科铜石龙子；C.壁虎科多疣壁虎；D.蛇蜥科脆蛇蜥

(三)龟鳖目 Testudoformes

这是爬行动物中最特化的类型,背腹面出现坚固的龟壳。龟壳分背甲和腹甲,头、四肢和尾从龟壳边缘伸出,龟壳和四肢形态因生活条件和生态习性而不同;四肢短小,被覆大而笨重的壳,行动缓慢,代谢缓慢,生长速度慢,杂食性。

龟鳖目物种

龟鳖目(图3-36)的分类鉴别:科的分类主要依据骨骼的构造、四肢形状和表皮结构;属和种的鉴别主要依据背腹甲各骨板和盾片的形状、数目和排列方式,头部皮肤或鳞被的特征,韧带组织的有无,吻突的长短等。

①**鳖科 Trionychidae**:体表无角质盾片,覆以柔软的革质皮肤;背腹甲有韧带组织连接,背甲边缘为厚实的结缔组织,称为裙边;头颈完全缩入壳内,鼓膜隐蔽,上下颌缘有肉质唇,吻端具软吻突,鼻孔开口于吻端;四肢扁平,指趾蹼大,生活于淡水中,肉食性。如中华鳖 *Pelodiscus sinensis*。

②**龟科 Testudinidae**:背腹甲在甲桥处以骨缝或韧带相连,龟壳覆以角质盾片;头、颈、尾、四肢可缩入壳内;四肢5指趾,具爪;淡水生活,半水栖或水栖,植食、肉食、杂食均有。如黄喉拟水龟 *Mauremys mutica*、黄缘闭壳龟 *Cuora flavomarginata*、乌龟 *Chinemys reevesii*。

③**平胸龟科 Platysternidae**:龟壳显著扁平,背腹甲在甲桥处以韧带相连,龟壳覆以角质盾片;头大颌强,上喙钩曲呈鹰嘴状;头尾四肢不能缩入壳内;生活于山溪,可以攀附岩石或爬树,摄食蜗牛及蠕虫。本科仅1属1种,即平胸龟 *Platysternon megacephalum*,又名大头平胸龟、鹰嘴龟。

图 3-36　龟鳖目代表物种
A.鳖科中华鳖；B.龟科乌龟；C.平胸龟科平胸龟

七、鸟纲 Aves

鸟类是体表被覆羽毛、有翼、恒温和卵生的高等脊椎动物。鸟类最突出的特征是新陈代谢旺盛，并能在空气中飞行，对环境的适应能力强，分布广。现存鸟类共有 9000 余种，种数在脊椎动物中仅次于鱼类。根据生活方式和结构特征不同，现存鸟类分为 3 个总目：企鹅总目 Imepennes、平胸总目 Ratitae 和突胸总目 Carinatae。其中，突胸总目共计 26 目，依据生态特征可分为游禽、涉禽、陆禽、猛禽、攀禽和鸣禽等 6 个生态类群。天姥山动植物学野外实习基地、绍兴文理学院校园及周边的常见鸟类共记录有 137 种，隶属于 15 目 44 科，其中留鸟 73 种，占 53%；冬候鸟 42 种，占 31%；夏候鸟 19 种，占 14%；旅鸟 3 种，占 2%。记录的国家一级保护动物有东方白鹳、白枕鹤；二级保护动物有凤头鹰、松雀鹰、普通鵟、红隼、燕隼、领角鸮、斑头鸺鹠、小鸦鹃、画眉等。

（一）鸡形目 Galliformes

陆禽（图 3-37），嘴短状，鼻孔被鳞片或被羽，无鼻沟，翼短圆，翼腹凹陷，飞翔力不强，尾或长或短，后肢强壮善走，嗉囊大，肌胃发达，尾脂腺大都被羽。大多群居生活，栖息环境多样，多为留鸟（鹌鹑是候鸟）；多地面活动，少数树栖，杂食性；地上营巢，雌性孵卵和育雏，雏为早成鸟。

陆禽鸟类

我国产 1 科——**雉科** Phasianidae：为鸡形目最大科。走禽，体结实；喙短，呈圆锥形，适于啄食植物种子；翼短圆，不善飞；脚强健，具锐爪，善于行走和掘地寻食；雌雄同色或异色，若异色时，雄鸟具大型的羽冠、肉冠和美丽的羽毛。如日本鹌鹑 *Coturnix japonica*、灰胸竹鸡 *Bambusicola thoracica*、环颈雉 *Phasianus colchicus*。

(二)鸽形目 Columbiformes

陆禽,体中型,头小,嘴短细,口盖为裂腭型(schizognathism),鼻孔为裂鼻型(schizoehinal),基翼突存在,胸骨发达,龙骨突很高;足短,无蹼,尾脂腺裸出或退化;两性孵卵和育雏,群栖,吮吸式饮水。

鸠鸽科 Columbidae:喙较细弱,喙基有软膜,鼻孔开在软膜上;羽色多样;脚短而强,常在地上疾走;跗跖被鳞,四趾在同一平面上;无绒羽,体羽的粉末可以帮助羽被防水;圆尾或突尾,尾脂腺不发达;嗉囊发达,育雏期间两性亲鸟均能分泌鸽乳以哺育雏鸟,肌胃发达;栖息于多树木和多岩石的地方,植食性为主;栖息于低纬度地区的为留鸟,高纬度地区的为候鸟。如山斑鸠 *Streptopelia orientalis*、珠颈斑鸠 *Streptopelia chinensis*、火斑鸠 *Streptopelia tranquebarica*。

图 3-37　陆禽代表物种
A.雉科环颈雉(雄);B.鸠鸽科珠颈斑鸠

(三)雁形目 Anseriformes

游禽(图 3-38),嘴大多平扁,少数近圆锥形,嘴缘有栉状突或锯齿,嘴端有嘴甲;喙表面被覆皮质膜,具大量的感觉窝;舌厚大而富肉质;翼较宽大,呈尖形,第一枚飞羽为退化飞羽;廓羽下密生绒羽;前三趾满蹼,拇趾小而高起,具瓣蹼;尾短圆;雄性有交接器,较雌体大而艳丽;除繁殖期外,通常群居,营巢于水草丛中,雌性孵卵,雏为早成鸟;集中换羽,栖居于淡水水域,杂食性。

游禽鸟类

我国仅有 1 科——**鸭科** Anatidae,如绿头鸭 *Anas platyrhynchos*、斑嘴鸭 *Anas poecilorhyncha*。

(四)鸊鷉目 Podicipediformes

游禽(图 3-38),本目只有 1 科——**鸊鷉科** Podicedidae,俗称王八鸭子、水葫

芦。嘴形似潜鸟,可见鼻沟,眼前有狭裸区;翼短,不善久飞;尾极短,无尾羽;脚位于身体后方;趾侧具瓣蹼;善于游泳和潜水,有时仅嘴尖和眼露出水面,似鳖,故称王八鸭子;杂食性,筑浮巢,两性孵卵,雏为早成鸟。如小䴙䴘 *Tachybapus ruficollis*。

(五)鹈形目 Pelecaniformes

中大型游禽,嘴多近圆锥形,上嘴由数枚角质片组成;成鸟鼻孔封闭,以嘴角呼吸;舌退化,有的颌下皮肤扩大成喉囊;翼圆或尖,尾形不一;全蹼足,四趾在一平面上;两性孵化和育雏,雏为晚成鸟,食鱼和其他动物。

鸬鹚科 Phalacrocoracidae:体形稍细长,嘴近圆锥形,上嘴端具钩;鼻孔呈线状,多隐蔽在沟内;眼周及颌喉部裸出,喉囊不显;圆尾,羽轴挺硬;脚位于体后部;群栖于海滨和淡水水域,善游泳和潜水,站立时几近直立。如普通鸬鹚 *Phalacrocorax carbo*。

图 3-38　游禽代表物种
A.鸭科斑嘴鸭；B.䴙䴘科小䴙䴘；C.鸬鹚科普通鸬鹚

(六)䴕形目 Piciformes

攀禽(图 3-39),中小型树栖鸟类,对趾足,翼多短圆,初级飞羽 10 枚,楔形尾;树洞为巢;两性育雏,雏鸟为晚成鸟;主要食虫,多在树间飞动。

攀禽鸟类

啄木鸟科 Picidae:嘴呈角锥形,多数种类上下嘴端截平而扁平如锲;颈稍长,适于凿啄;舌细长能伸缩自如,舌尖角质化,有倒钩和黏液,适于钩取昆虫幼虫;多为楔尾,羽轴粗硬,羽支坚挺,适于支撑身体;是树栖鸟类,主食昆虫幼虫,有"森林医生"美誉。如蚁䴕 *Jynx torquilla*、斑姬啄木鸟 *Picumnus innominatus*。

(七)佛法僧目 Coraciiformes

攀禽,本目最重要特征是并趾足,4 趾 3 前 1 后,鼻孔位于喙基和羽区交界

处,树栖性,土洞或树洞筑巢,雏鸟为晚成鸟,羽色鲜艳明快。

①**戴胜科** Upupidae:羽色斑驳,头上有美丽的折扇状羽冠,平时平伏,受惊时展开;嘴长舌短,翼宽圆,方尾;独居或小群活动,地栖,杂食性,两性育雏。本科只有1种,即戴胜 *Upupa epops*。

②**佛法僧科** Coraciidae:体色艳丽(多为蓝绿色),嘴强,上嘴先端微钩曲;翼长而阔,平尾、叉尾或凹尾,尾脂腺裸出;独居,树栖;雏鸟为留巢鸟,两性育雏,主食昆虫。如三宝鸟 *Eurystomus orientalis*。

③**翠鸟科** Alcedinidae:羽色艳丽或黑白斑驳醒目,头大颈短,嘴直长而粗壮,先端尖;羽翼短圆,飞翔时鼓翼频繁,尾中等或短;水滨鸟类,独居,常在水边树桩或石块上守候,能飞捕昆虫或钻入水中捕鱼,对农林业有利,对渔业有害;挖土洞为巢,两性孵卵和育雏,雏为晚成鸟。如普通翠鸟 *Alcedo atthis*、蓝翡翠 *Halcyon pileata*、斑鱼狗 *Ceryle rudis*。

(八)鹃形目 Cuculiformes

攀禽,中小型鸟类,体形修长;嘴长度适中,上嘴基部无蜡膜,先端尖而微曲,不具钩;翅形尖长或短圆;初级飞羽10枚,尾较长,尾形多为凸尾或圆尾;脚短弱,具4趾,外趾能反转,呈对趾型或转趾型,适于攀缘及握持;雌雄羽色相似;叫声单调洪亮;食物主要为昆虫;栖息于森林、湿地、灌丛等多种环境;繁殖方式多样,有的自己营巢、孵卵、育雏,有的为巢寄生;树栖性,喜独居。

我国仅有1科——**杜鹃科** Cuculidae:外形似鸽,稍细长;嘴强,嘴峰稍向下曲;翅具10枚初级飞羽。尾长阔,呈凸尾状,有8~10尾羽。脚短弱,具4趾,第1、4趾向后,趾不相并。部分种类有巢寄生的习性,如大杜鹃 *Cuculus canorus*、红翅凤头鹃 *Clamator coromandus*、小鸦鹃 *Centropus bengalensis*。

(九)夜鹰目 Caprimulgiformes

攀禽,头大颈短,体树皮色,具模糊的细斑纹,羽毛松软,飞行无声,成体无绒羽;眼大,侧位;嘴短弱,嘴端略具钩,口裂深达后眼角;口须发达,形成"捕虫网";夜出性食虫鸟类,白天顺树枝栖息,俗称"贴树皮";两性孵卵和育雏,有"休眠"现象,以度过缺食的寒冷季节。

夜鹰科 Caprimulgidae:嘴短弱而软,口须长而多,鼻孔圆形,突出呈管状;翼狭长,翼和尾有白斑块,尾脂腺裸出;并趾足,独居,夜间或晨昏活动,飞捕蚊子和其他昆虫,俗称蚊母鸟;两性孵卵和育雏,雏为半留巢鸟。如普通夜鹰 *Caprimulgus indicus*。

图 3-39 攀禽代表物种

A.啄木鸟科斑姬啄木鸟;B.戴胜科戴胜;C.佛法僧科三宝鸟;
D.翠鸟科普通翠鸟;E.杜鹃科大杜鹃;F.夜鹰科普通夜鹰

(十)鸮形目 Strigiformes

夜行性猛禽(图 3-40),头宽大,颈短,某些种类具有耳突,安静时竖立,受惊或活动时倒伏;嘴短而钩曲,张嘴时上下嘴均动,眼大,向前,周围硬羽呈放射状排列,形成面盘;上眼睑能活动,瞬膜发达;耳孔外被以皮肤褶或称为厣,又称伪耳孔,翼宽圆,尾长中等,外趾能反转,爪强锐弯曲,廓羽松软,飞行无声,成鸟无绒羽,尾脂腺裸出,无嗉囊,头骨裂腭型,鼻孔呈全鼻型;视感细胞丰富,有反光色素层,适于夜视;内耳大,听觉灵敏;树栖性,多为留鸟,雌性孵卵,边产边孵,雏为半晚成鸟,两性育雏;肉食性为主。

猛禽鸟类

鸱鸮科 Strigidae:头骨较横阔,面盘或存或缺,存在时呈圆形,尾圆形;脚强,全部被羽;雌性或两性孵卵,两性育雏。如领角鸮 *Otus bakkamoena*、斑头鸺鹠 *Glaucidium cuculoides*。

(十一)隼形目 Falconiformes

肉食性猛禽,嘴强健,上嘴啮缘锋利,先端钩曲,适于扯食;嘴基有蜡膜,鼻孔裸露,开口于蜡膜上;上眼眶有骨质突起,可防止追击猎物时眼被树枝碰伤;翼强善飞,羽色随年龄变化;脚强健,四趾,3前1后,趾端的钩爪强大而锋利;嗉囊大,腺胃发达,分泌浓缩的胃液适于消化动物性食物,未消化的食物残余成团呕出;

视觉敏锐;多数独栖,巢期成对生活,两性或雌性孵卵,雏为半晚成鸟;白天活动,摄食动物性食物,能消灭大量鼠类和昆虫,也捕食野鸟和家禽;全球分布,大多种类迁徙,全球4科,我国有2科。

①**隼科 Falconidae**:体中小型,上喙前端各有一明显齿突,下喙对应有缺刻;鼻孔圆形,内有骨质突出物;翼尖长;多栖息于开阔地带,飞翔极快,并能迎风振翅,在空中停留巡视,发现猎物即急冲捕获;食物多为昆虫、中小型鸟类和啮齿类。如红隼 *Falco tinnunculus*、燕隼 *Falco Subbuteo*。

②**鹰科 Accipitridae**:上嘴无齿突而具弧状垂,鼻孔非圆形,内无骨质柱状物;翼宽大而圆,多善于翱翔,不如隼科飞行迅速。如凤头鹰 *Accipiter trivirgatus*、松雀鹰 *Accipiter virgatus*、普通鵟 *Buteo buteo*。

图 3-40 猛禽代表物种
A.鸱鸮科领角鸮;B.隼科红隼;C.鹰科普通鵟

(十二)鹤形目 Gruiformes

涉禽(图3-41),全世界共有12科,我国分布有4科(三趾鹑科、鹤科、秧鸡科、鸨科),实习基地分布有鹤科和秧鸡科。

涉禽鸟类

①**鹤科 Gruidae**:典型的涉禽,头部有红色的裸区或饰羽,嘴长直、略尖;鼻孔上缘被膜,颈椎17~20枚;翅阔而强,飞翔时头、颈、腿均伸直,两翼与身体垂直,呈十字形;四趾,后趾小而高于前三趾,站立时不着地,区别于鹳形目;气管在胸骨的龙骨突内盘曲,鸣声响亮;栖息于沼泽和草原,杂食性,草丛中营巢,两性孵卵,雏为早成鸟。如白枕鹤 *Grus vipio*。

②**秧鸡科 Rallidae**:中小型涉禽,体稍侧扁,适于在植物丛中穿行;趾长,爪尖,善游泳;四趾平置,站立时四趾均着地;翼短圆,尾短软;嘴长适中,扁而尖;喜穿行于稠密的植物丛中,隐蔽生活;摄食嫩草、种子和无脊椎动物,为水田益鸟;地面营巢,双亲孵卵和育雏,雏为早成鸟;大多种类迁移。如红脚苦恶鸟 *Amaurornis akool*、白胸苦恶鸟 *Amaurornis phoenicurus*、黑水鸡 *Gallinula chloropus*。

（十三）鸻形目 Charadriiformes

涉禽，体中小型，体色多灰、褐色，头型多浑圆，喙形细长，上下嘴端近于平齐，无钩；翼尖长，善飞；尾短圆，尾羽大多为12枚；脚长，四趾者后趾小而高位，后趾不着地，有些缺后趾；主要栖息于水边、沼泽地、开阔地带；多地面营巢，雏为早成鸟；杂食性，多为迁徙鸟类，两性孵卵和育雏。

①鹬科 Scolopacidae：体羽暗淡富有条纹，嘴细长，多形直，嘴端多为革质所包被，钝而不尖；羽色两性形似；栖息于海岸边，迁徙时成群沿海岸飞行，摄食小型动物。如扇尾沙锥 *Gallinago gallinago*、白腰草鹬 *Tringa ochropus*、林鹬 *Tringa glareola*、矶鹬 *Actitis hypoleucos*、长趾滨鹬 *Calidris subminuta*、尖尾滨鹬 *Calidris acuminata*。

②雉鸻科 Jacanidae：四趾和爪皆特别直长，后爪长于后趾；翼角有一距，后颈常有黄斑，羽色两性相同，雌体较大；涉行在水生植物（莲或其他漂浮植物）叶上，俗称"莲脚鸟"；杂食性，能潜水和游泳，不善飞，大部分不迁徙；常在水生植物上筑巢，雄鸟孵卵和育雏。如水雉 *Hydrophasianus chirurgus*。

③鸻科 Charadriidae：嘴短而直，上嘴端膨胀而坚硬，称为隆端；多数3趾，少数4趾，趾基多有蹼；栖息于海岸、河口，迁徙时大群沿海岸飞行；两性孵卵和育雏。如环颈鸻 *Charadrius alexandrinus*、凤头麦鸡 *Vanellus vanellus*、灰头麦鸡 *Vanellus cinereus*。

④鸥科 Laridae：喙基无蜡膜，嘴形直而尖，或上嘴尖端下曲成钩状覆盖下嘴；尾多形，大部分种类翼端黑色；栖息于海洋沿岸和江河湖泊，常在浅水中倒立取食；杂食性；营巢于岩石上或岸边，两性孵卵和育雏。如须浮鸥 *Chlidonias hybrid*。

图 3-41　涉禽代表物种

A.鹤科白枕鹤；B.秧鸡科黑水鸡；C.鹬科白腰草鹬；D.雉鸻科水雉；
E.鸻科凤头麦鸡；F.鸥科须浮鸥；G.鹭科白鹭；H.鹳科东方白鹳

(十四)鹳形目 Ciconiiformes

本目为典型的涉禽,具有"三长"的特点:喙长、颈长、腿长。眼部多裸出,鼻孔近嘴基,不超过嘴峰长的 1/5,圆翼;4 趾细长,与前趾在一个平面上,可与前趾对握,适于树栖;趾间微蹼;尾较短,平尾或稍圆,尾脂腺被翎;栖息于河湖沿岸或沼泽地带,主要摄取动物性食物,雏为晚成鸟。

①**鹭科 Ardeidae**:体形显瘦,嘴直尖而略侧扁,鼻孔狭缝状,位于鼻沟中;眼周裸出;颈部呈"己"形弯曲,伸缩灵活,水边站立或树栖时呈缩颈状态,俗称缩脖老等;翼近尖形,平尾,具蓑羽(long plumes)和粉翎(powder down)。栖息于河流、湖泊、沼泽等地,在岸边浅水区捕食动物性食物;集群营巢,筑浅巢,两性孵卵,雏为晚成鸟。如白鹭 *Egretta garzetta*、苍鹭 *Ardea cinerea*、大白鹭 *Casmerodius albus*、牛背鹭 *Bubulcus ibis*、夜鹭 *Nycticorax nycticorax*、池鹭 *Ardeola bacchus*、黄苇鳽 *Ixobrychus sinensis*。

②**鹳科 Ciconiidae**:大型涉禽,嘴粗短,长而略侧扁;鼻沟不发达;翼长而宽圆,尾短圆;大多无声带,故不能鸣叫,其上下嘴相击能发出哒哒声;栖息于草原、森林等干燥地方,巢期成对生活,其他季节集群活动,两性孵卵和育雏;捕食动物性食物;飞翔时伸颈伸脚。如东方白鹳 *Ciconia boyciana*。

(十五)雀形目 Passeriformes

鸣禽(图 3-42、3-43 和 3-44)。本目是鸟纲中种数最多的一个目,为鸟类最高等类群。本目在我国有 28 科,694 种,占我国鸟类 1244 种的 55.8%。多为小型种类,嘴形直或稍拱曲,先端尖或略具钩;鸣管和鸣肌复杂,善于鸣

鸣禽鸟类

叫;足较细弱,4 趾 3 前 1 后(常态足),均在一个平面上。翼形大致有两种情况:一种圆翼,初级飞羽第一枚显而易见;另一种尖或方翼,初级飞羽第一枚极小。尾形多变,尾脂腺裸出;多为树栖,单独营巢,雏鸟为晚成鸟,以虫喂雏;夏季以昆虫为食,秋冬季兼食种子和坚果;多数为候鸟,对农林业有益。

①**燕科 Hirundinidae**:嘴形短阔而弱,嘴裂深,口开得大,适于飞捕昆虫;鼻孔裸露,嘴须短弱;翼尖长,飞行迅速;凹尾或铗尾;多集群,营群巢,喜群栖于电线上;在树洞或岩洞营巢,有的在屋檐下垒巢,两性或雌性孵卵,两性育雏。如家燕 *Hirundo rustica*、金腰燕 *Hirundo daurica*。

②**伯劳科 Laniidae**:嘴强健,嘴尖侧扁,上嘴尖端钩曲,并有缺刻和齿突;鼻孔圆,口须发达,头侧大多有黑色贯眼纹;翅短圆,凸尾,狭长;爪尖锐;独栖,栖息

于视野开阔处守候猎物;性凶猛善斗;杯形巢,雌性孵卵,两性育雏。如棕背伯劳 *Lanius isabellinus*、红尾伯劳 *Lanius cristatus*。

③**鹡鸰科** Motacillidae:体形修长,嘴较细长,上嘴先端具缺刻,鼻孔不被羽,方翼,平尾,最外侧尾羽有白斑或纯白;脚细长,适于地栖,既能跳跃也能步行;集小群,多栖于水岸边或沼泽地活动,飞行时呈波浪状,叫声似"脊令",栖止时尾长上下左右摆动;地面觅食昆虫、蜘蛛、软体动物或植物性食物;两性或雌性孵卵、育雏,多数种类迁徙。如白鹡鸰 *Motacilla alba*、黄鹡鸰 *Motacilla flava*、灰鹡鸰 *Motacilla cinerea*、树鹨 *Anthus hodgsoni*。

④**鹎科** Pycnonotidae:嘴长适中而稍细,或较粗短稍弯曲,口须发达,枕部多具发状纤羽,圆翼,方尾或圆尾,大多体羽松软;栖息于森林或林缘,大多集群,树栖性为主,活动频繁,善鸣啭,觅食浆果和昆虫;两性孵卵和育雏;大多为留鸟。如白头鹎 *Pycnonotus sinensis*、栗背短脚鹎 *Hemixos castanonotus*、绿翅短脚鹎 *Hypsipetes mcclellandii*、黑短脚鹎 *Hypsipetes leucocephalus*。

⑤**百灵科** Alaudidae:后爪直长,长于或等于后趾;鼻孔上有悬羽掩盖;尖翼,初级飞羽9~10枚,三级飞羽较长;尾长短于翅长;栖息于开阔地,地栖性,地面觅食种子、昆虫等,不上树,集群活动,雌鸟孵卵,两性育雏。本科鸟类鸣声清脆,常为笼养鸟类,如云雀 *Alauda arvensis*,又名告天子,常自地面朝天直飞,边飞边鸣,直至高空。

⑥**鸦科** Corvidae:体型较大,嘴、脚均粗壮,鼻孔圆,被羽掩盖,圆翼,平尾、圆尾或凸尾;羽毛黑、黑白或鲜艳色;常具大斑块;属留鸟,集群活动,大多树栖,杂食性,雌性或两性孵卵、两性育雏。如松鸦 *Garrulus glandarius*、红嘴蓝鹊 *Urocissa erythrorhyncha*、灰树鹊 *Dendrocitta formosae*、灰喜鹊 *Cyanopica cyana*、喜鹊 *Pica pica*、白颈鸦 *Corvus torquatus*。

⑦**黄鹂科** Oriolidae:嘴形较粗厚,嘴须短,鼻孔被盖膜,圆翼,形长,圆尾,长度适中,爪甚曲,体羽多为黄色、橄榄绿色,杂有黑斑。独居,树栖,波浪形飞行,性机警,食昆虫、果实;雌性孵卵,两性育雏。如黑枕黄鹂 *Oriolus chinensis*。

⑧**山椒鸟科** Campephageidae:上嘴具钩和缺刻,嘴基稍阔,嘴形似伯劳,鼻孔被疏羽;圆翼,凸尾、圆尾或平尾;腰羽羽轴的基半部粗硬,端半部突变细软,手触折羽轴时有刺手感;树栖,常结群;鸣声尖锐而嘹亮;杂食性,以昆虫为主;两性孵卵和育雏。如暗灰鹃鵙 *Coracina melaschistos*、灰喉山椒鸟 *Pericrocotus solaris*、小灰山椒鸟 *Pericrocotus cantonensis*、赤红山椒鸟 *Pericrocotus flammeus*。

图 3-42　鸣禽代表物种（1）

A.燕科金腰燕；B.伯劳科棕背伯劳；C.鹡鸰科白鹡鸰；D.鹎科白头鹎；

E.百灵科云雀；F.鸦科红嘴蓝鹊；G.黄鹂科黑枕黄鹂；H.山椒鸟科小灰山椒鸟

⑨**太平鸟科** Bombycillidae：体羽柔软，淡褐或葡萄灰色；头部有一簇柔软的尖形冠羽；嘴短厚，基部宽，尖端微曲并有缺刻；鼻孔被须羽覆盖；尖翼，方尾，形短，各尾羽具有红或黄色的端斑，尾覆羽长；群居，树栖，飞捕昆虫；雌性孵卵，两性育雏。如太平鸟 *Bombycilla garrulus*、小太平鸟 *Bombycilla japonica*。

⑩**河乌科** Cinclidae：体羽紧实，体色灰、褐或黑色，杂以白斑；嘴直，侧扁，嘴缘有缺刻，鼻孔被膜掩盖，无嘴须；方翼，尾短，方尾或圆尾；脚粗长；独居，是本目中水栖性最强的鸟类，栖息于水质清洁的山溪急流地带，能潜水，善游泳；水中捕食昆虫、软体动物和植物性食物；雌性孵卵，两性育雏。如褐河乌 *Cinclus pallasi*。

⑪**鸫科** Turdidae：嘴适中，上嘴常具小缺刻；鼻孔不被羽；翼圆或尖，形长平，尾短平至长凸；独居，树栖或地栖；鸣声多样；杂食性；雌性或两性孵卵，两性育雏；大多迁徙。如虎斑地鸫 *Zoothera dauma*、灰背鸫 *Turdus hortulorum*、乌鸫 *Turdus merula*、斑鸫 *Turdus naumanni*。

⑫**鹟科** Muscicapidae：嘴较平扁，基部宽阔，上嘴微有缺刻，嘴峰有脊，嘴须发达；鼻孔被垂羽掩盖；趾细弱，不适于行走；体羽大多褐、灰或蓝色；栖息于森林、灌丛，独居，食昆虫和蜘蛛；雌性或两性孵卵，两性育雏；大多迁徙。如灰纹鹟 *Muscicapa griseisticta*、北灰鹟 *Muscicapa dauurica*、铜蓝鹟 *Eumyias thalassina*、白眉姬鹟 *Ficedula zanthopygia*、鸲姬鹟 *Ficedula mugimaki*、红尾歌鸲 *Luscinia sibilans*、红胁蓝尾鸲 *Tarsiger cyanurus*、鹊鸲 *Copsychus saularis*、北红尾鸲 *Phoenicurus auroreus*、红尾水鸲 *Rhyacornis fuliginosus*、白冠燕尾 *Enicurus leschenaultia*。

⑬**椋鸟科** Sturnidae：嘴形直尖细长或嘴峰拱曲，尖翼或方翼，尾短，平尾或圆尾；栖息于开阔地，地面步行或跳跃，喜结群活动，有的能模仿人语；杂食性；雌

性或两性孵卵,两性育雏。如丝光椋鸟 *Spodiopsar sericeus*、灰椋鸟 *Spodiopsar cineraceus*、黑领椋鸟 *Spodiopsar nigricollis*、八哥 *Acridotheres cristatellus*。

⑭**攀雀科** Remizidae:小型鸟,嘴端尖细,鼻孔为短的硬羽掩盖,无嘴须;翼近方形,凹尾;栖息于树木、沼泽的半开阔地,筑囊状巢。如中华攀雀 *Remiz consobrinus*。

⑮**山雀科** Paridae:嘴短壮,略呈圆锥形,上下嘴端近平齐,无缺刻,鼻孔为垂须掩盖;翅短圆,方尾、圆尾或凸尾,羽毛松散,飞翔力弱;头部有黑色大块斑;栖息于密林至沙漠灌丛,大多不迁徙,结小群;树栖,多在树上觅食昆虫和种子等;雌性孵卵,两性育雏。如黄腹山雀 *Parus venustulus*、大山雀 *Parus major*、红头长尾山雀 *Aegithalos concinnus*。

⑯**绣眼鸟科** Zosteropidae:小型鸟,上体几纯绿,喉鲜黄色,眼周有小羽片构成的白色眼圈,故名;嘴小,为头长之半,嘴缘平滑,鼻孔有盖膜,舌尖有两簇角质硬纤维,适于伸入花中捕捉昆虫;圆翼或方翼,平尾,树栖,性活泼,食花丛中的昆虫、花蜜和果实;杯状巢,两性孵卵,两性育雏、大多不迁徙。如暗绿绣眼鸟 *Zosterops japonicas*。

图 3-43　鸣禽代表物种（2）

A.太平鸟科太平鸟；B.河乌科褐河乌；C.鸫科乌鸫；D.鹟科鹊鸲；
E.椋鸟科八哥；F.攀雀科中华攀雀；G.山雀科大山雀；H.绣眼鸟科暗绿绣眼鸟

⑰**莺科** Sylviidae:体形稍纤细,嘴形较细,上嘴或具缺刻;翼短圆,凸尾居多;独居或结群,树栖,活泼好动,飞翔力强,鸣声单调,肉食性;杯状巢,雌性或两性孵卵,两性育雏;大多迁徙。如远东树莺 *Cettia canturians*、强脚树莺 *Cettia fortipes*、东方大苇莺 *Acrocephalus orientalis*、黄腰柳莺 *Phylloscopus proregulus*、黄眉柳莺 *Phylloscopus inornatus*、棕脸鹟莺 *Abroscopus albogularis*。

⑱**画眉科（鹛科）** Timaliidae:嘴强壮,鼻孔大多被羽或刚毛所覆盖,嘴须发达;翅短圆而稍凹,展翼时,羽端平直,平尾或凸尾;足强健,善跳跃;体羽松散柔

图 3-44　鸣禽代表物种（3）

A.莺科强脚树莺；B.画眉科画眉；C.太阳鸟科叉尾太阳鸟；

D.文鸟科麻雀；E.雀科燕雀；F.文鸟科山麻雀

软；栖息于灌丛中，不善远飞，多为留鸟，杂食性；雌性或两性孵卵，两性育雏。如画眉 *Garrulax canorus*、棕颈钩嘴鹛 *Pomatorhinus ruficollis*、红头穗鹛 *Stachyris ruficeps*、红嘴相思鸟 *Leiothrix lutea*、栗耳凤鹛 *Yuhina castaniceps*、灰眶雀鹛 *Alcippe morrisonia*、灰头鸦雀 *Paradoxornis gularis*、棕头鸦雀 *Paradoxornis webbianus*、短尾鸦雀 *Paradoxornis davidianus*、震旦鸦雀 *Paradoxornis heudei*。

⑲**太阳鸟科** Nectariniidae：体纤小，嘴细长而拱曲，先端尖细，嘴缘具细密的锯齿，无嘴须；舌呈管状，尖端分叉，富伸张力，适于吸吮花蜜；圆翼，方尾至尖尾；两性羽色不同，雄性羽色华丽，富金属光泽，雌性暗淡；喜栖息于开花的树上，性活泼，飞行快，鸣声尖锐；囊状巢，多雌性孵卵和育雏；大多不迁徙。如叉尾太阳鸟 *Aethopyga christinae*。

⑳**文鸟科** Ploceidae 或**麻雀科** Passeridae：嘴粗短呈圆锥形，嘴缘平滑无缺刻；鼻孔裸出；脚强；树栖或地栖，多结群，食谷物及其他种子，仅繁殖期食昆虫；巢多样，雌性或两性孵卵，两性育雏。如麻雀 *Passer montanus*、山麻雀 *Coturnix japonica*、白腰文鸟 *Lonchura striata*、斑文鸟 *Lonchura punctulata*。

㉑**雀科** Fringillidae：嘴短粗呈圆锥形，嘴缘平滑，末端尖；翼短圆至尖长，平尾或凹尾；独居或结群，地栖或树栖，鸣声多样；食物多为谷物及野生植物种子，有残害农作物和除灭杂草的双重作用；雌性或两性孵卵，两性育雏，繁殖期多以昆虫育雏。如燕雀 *Fringilla montifringilla*、金翅雀 *Carduelis sinica*、黄雀 *Car-*

duelis spinus、黑尾蜡嘴雀 *Eophona migratoria*、三道眉草鹀 *Emberiza cioides*、白眉鹀 *Emberiza tristrami*、黄眉鹀 *Emberiza chrysophrys*、田鹀 *Emberiza rustica*、黄喉鹀 *Emberiza elegans*、灰头鹀 *Emberiza spodocephala*。

㉒**卷尾科** Dicruridae：嘴型强健，嘴峰稍曲，上下嘴端具有缺刻，嘴须发达，虹膜多为红色，鼻孔为垂羽掩盖；翅长而圆，尾长，呈叉状，某些种类最外侧尾羽向上卷曲呈球拍状；趾和爪强壮；体羽纯色无斑；独居，树栖，好争斗，食虫和花蜜；雌性孵卵，两性育雏。如发冠卷尾 *Dicrurus hottentottus*。

八、哺乳纲 Mammalia

哺乳纲动物（图 3-45）又称兽类，是脊椎动物中形态结构最高等、生理机能最完善的动物类群。现存的哺乳纲动物约 4180 种，我国现有 13 目、54 科、500 余种，约占世界总种数的 12.2％。实习基地有记录的哺乳类动物有 8 目 17 科 38 种，在动物地理区划上属于东洋界的种类有 30 种，占 78.9％；属于古北界的种类有 8 种，占 21.1％。其中啮齿目、食虫目、食肉目及翼手目种类较多，表现出较为明显的山地特征。以下为常见哺乳纲代表物种。

（一）食虫目 Insectivora

本目动物是原始的哺乳动物类群，一般体形小而吻部较尖长呈管状，牙齿分化不明显，齿尖尖锐；四肢较短，多具 5 趾，有爪钩，为蹠形性。陆栖，营地面或地下生活，多为夜行性，以动物性食物为主。

①**刺猬科** Erinaceidae：四肢各具 5 趾，桡尺骨分离，胫腓骨愈合，头骨眶间狭窄，吻部短而圆钝，第一上门齿最长，上犬齿不发达，第三前臼齿大，第一、二臼齿齿冠呈正方形。如刺猬 *Erinaceus europaeus*。

②**鼹鼠科** Talpidae：本科动物为地下生活的小兽，形态结构和地下生活相适应。体呈圆筒形，头尖眼小，外耳壳退化，颈部很短。肩部和上臂肌肉发达有力，锁骨和肱骨强大，前肢特别发达，有 5 指，具强有力的爪，前足特化成掌状并向外翻转，适于挖土掘洞；头骨无骨脊，骨缝愈合，颧弓纤细，齿数 34～44 枚。如缺齿鼹 *Mogera insularis*。

③**鼩鼱科** Soricidae：本科动物体型小，形如鼠类。躯体细长，吻尖，足爪细小，耳短，但突出于被毛之上，头骨细长，颧弓缺失，听骨退化，第 1 对门牙特别发达，犬齿退化，具有泄殖腔，摄食昆虫为主。如臭鼩 *Suncus murinus*、灰麝鼩 *Crocidura attenuata*、大麝鼩 *Crocidura lasiura*、山东小麝鼩 *Crocidura shantungensis*。

（二）灵长目 Primates

一般面部裸露，两眼向前，眼间距较窄，视觉发达而嗅觉退化；四肢具5指（趾），多数指端具有扁平的指甲；掌面和蹠面裸出，具有发达的两行皮垫；拇趾和其余四趾相对，能握物，蹠行性。齿式多为：$\dfrac{2.1.2.3}{2.1.2.3} = 32$，多数树栖，善攀援，行动敏捷，杂食性。

猴科 Cercopithecidae：前后肢等长，或前肢稍短；多数猴类尾较短或很短，具有颊囊；树栖，杂食。如猕猴 *Macaca mulatta*。

（三）鳞甲目 Pholidota

本目动物身披覆瓦状排列的角质鳞甲，其间有稀疏的硬毛，腹部无甲具毛，吻尖，舌长，无齿，舐食蚁类等昆虫，尾长而阔扁，背腹均有鳞甲；头呈圆锥形，无颧弓，眼、耳均小；前足的爪发达，适于挖掘。

本目仅1科，**穿山甲科（鲮鲤科）** Manidae：本科动物有树栖和地栖两种生活型，树栖者尾长，地栖者尾短。如地栖型穿山甲 *Manis pentadactyla*。

（四）兔形目 Lagomarpha

本目动物上颌具有2对门牙，前1对较大，后1对极小，呈圆柱形隐于前1对后方，无犬齿，在门齿和前臼齿间有很长的齿隙；上齿列间的宽度比下齿列宽度大很多，咀嚼时只能有一侧上下齿列相对，因此下颌经常左右移动。本目动物外形变化大，无尾或尾极短小，上唇中部具有纵裂。

兔科 Leporidae：中型食草兽，耳长，尾短，后肢显著长于前肢，善于跳跃；头骨粗壮，背面隆起呈弧形，额骨两侧具有发达的眶后突，枕骨上方有长方形的上枕突，颧骨粗大，上唇纵裂，齿式，第1对门牙的切面几成直线；栖息于森林、草原、丘陵、山坡及农田等。如华南兔 *Lepus sinensis*。

（五）啮齿目 Rodentia

哺乳纲中种类和数量最多的目，生态类型多样，营地面、穴居、树栖及半水栖生活。小型或中型，上下颌门齿各1对，发达，无齿根，终生生长，犬齿虚位，前臼齿不超过2/1，臼齿每侧上下各3枚，有宽阔的咀嚼面。

①**鼠科** Muridae：本科为啮齿目中种类最多的一类，分布广泛，适应能力强。多为地面生活型。体型大小不一，尾长，覆有鳞片，眶下孔下缘呈V字形，齿式$\dfrac{1.0.0.3}{1.0.0.3} = 16$，第1、2上臼齿具有3纵列齿突，每3个并列的齿突形成一横脊。如

黑线姬鼠 *Apodemus agrarius*、小家鼠 *Mus musculus*、褐家鼠 *Rattus norvegicus*、巢鼠 *Micromys minutus*、黄胸鼠 *Rattus tanezunmi*、大足鼠 *Rattus nitidus*、针毛鼠 *Niviventer fulvescens*、北社鼠 *Niviventer confucianus*、白腹巨鼠 *Leopoldamys edwardsi*、青毛巨鼠 *Berylmys bowersi*。

②**仓鼠科** Cricetidae：体型一般较小，前肢多 4 指，后肢 5 趾，尾上有毛无鳞，齿式 $\frac{1.0.0.3}{1.0.0.3} = 16$，白齿 2 纵裂齿突，齿突圆形或近三角形，相对排列呈三角形或左右交错。如黑腹绒鼠 *Eothenomys melanogaster*。

③**松鼠科** Sciuridae：本科动物根据生活习性分为 3 种类型：树栖者尾粗圆而大，四肢长，前后肢几乎相等；地栖者尾短小，耳小，后肢较前肢长；半树栖者尾圆或扁，被以长毛；前肢 4 指，后肢 5 趾；脑颅除地栖者狭窄多脊外，均为圆凸状；眶上突发达，额弓显著；齿式为 $\frac{1.0.2.3}{1.0.1.3} = 22$，大多为白天活动，植食性为主。如赤腹松鼠 *Callosciurus erythraeus*、豹鼠 *Tamiops swinhoei*。

④**豪猪科** Hystricidae：大型的啮齿动物，体形粗壮，全身被有棘刺，用以防御；鼻腔甚大，额骨大于顶骨，颧骨形成颧弓中部，听泡小，齿式 $\frac{1.0.1.3}{1.0.1.3} = 20$；陆栖，营穴居生活，夜间活动，摄取植物性食物。如中国豪猪 *Hystrix hodgsoni*。

（六）食肉目 Carnivora

本目动物多为捕食性动物，统称猛兽；体型大小不一，地面活动，也有树栖和半水栖生活的，能奔跑，善跳跃，体格匀称，强健有力，行动敏捷，感觉器官特别发达；门齿小，第 3 对上门齿较大，犬齿强大而锐利，为主要攻击武器；白齿通常具有尖锐齿尖，上颌最后 1 个前臼齿和下颌第 1 臼齿特别强大，齿峰高而尖锐，称为裂齿；四肢较发达，具有 4 或 5 趾，趾端具有尖锐而弯曲爪。

①**鼬科** Mustelidae：中小型食肉兽，体形细长，四肢短，尾较长，前后均 5 趾，趾端具爪，蹠行性或半蹠行性；有的种类肛门附近有臭腺；上下颌裂齿形大而尖，上颌每侧有白齿 1 枚，横向，下颌白齿 2 枚，后面的白齿很小；牙齿数目因前臼齿数目不同而变化，多数齿式为 $\frac{3.1.3.1}{3.1.3.1} = 34$；多数营陆栖生活，也有营半水生生活的种类．如黄鼬 *Mustela sibirica*、鼬獾 *Melogale moschata*、猪獾 *Arctonyx collaris*、黄腹鼬 *Mustela kathiah*。

②**灵猫科** Viverridae：具有细长的身体和突出的吻部，四肢短，足小而圆，爪弯曲具伸缩性，足具 5 趾，足掌除足垫部分裸露外，均被以短毛，能攀援，但以地

面生活为主。齿式 $\dfrac{3.1.4.2}{3.1.4.2}=40$，上颌门齿弧形排列，犬齿长。如果子狸 *Paguma larvata*。

③**猫科** Felidae：本科动物头圆而短，毛皮柔软，具有斑纹。体健壮，行动轻快，耳或圆或尖，嘴上有发达的"颊髭"，瞳孔可垂直收缩，视觉和听觉发达。四肢矫健有力，前肢5趾，后肢4趾，爪有伸缩性，锐利而弯曲；足垫裸露，多毛，有助于追捕猎物；单独活动，并具攀援本领。齿式 $\dfrac{3.1.3.1}{3.1.3.2}=34$，犬齿发达，略呈钩状，和前臼齿均很锐利，舌的表面布满钩状角质小乳头，适于在口内撕裂和保存食物。如豹猫 *Prionailurus bengalensis*。

（七）偶蹄目 Artiodactyla

大、中型具有偶数趾的有蹄类，缺第1趾，第3、4趾特别发达，肢轴通过这两趾之间以支持体躯，第2、5趾退化或缺失；趾端具蹄，善于奔跑；除猪，骆驼及某些鹿科种类外，头上有1对从额骨长出的骨质角；鹿角为实角，有分支，并定期脱落；牛角为洞角，不分支，永不脱落。上颌门齿趋于退化，至消失，上颌犬齿多数退化或缺如，有的发展成獠牙状；臼齿具有研磨食物的咀嚼面，有的具有瘤状突起的丘齿型（猪科），也有前后扩展成新月形的月齿形（鹿科、牛科）；胃的结构分为两种，营反刍的胃由四室组成，不反刍的胃为1室（猪科）或3室（骆驼科）。陆栖，多数群居，除少数杂食外，多数植食性。

①**猪科** Suidae：体型中等，被毛粗硬，头长，吻部伸延，前端有裸露的鼻盘，鼻孔开于其上；四肢粗壮，各具4趾，第3、4趾大，第2、5趾小，头骨狭长，眼眶不密闭，颅骨由顶骨和上枕骨向后上方形成斜面。齿式 $\dfrac{3.1.4.3}{3.1.4.3}=44$，下门齿向前倾斜，犬齿发达，雄性犬齿能不断生长发展成獠牙状，臼齿具有钝齿突，为丘齿型；杂食性，胃1室，繁殖力强，群栖。如野猪 *Sus scrofa*。

②**鹿科** Cervidae：体型大、中型，头部和身躯都较长，耳大长而直立，能转动；鼻端多数裸露无毛，四肢细长，主蹄大，侧蹄小且不着地，尾短，除麝、獐无角而驯鹿雌雄都有角以外，其余种类雄性都有实角，角的形状和分叉数是鹿科动物的分类依据之一；上颌缺门齿，犬齿退化消失或发展成獠牙状，臼齿属月齿形前臼齿有2个齿突，臼齿有4个齿突，下颌有门齿，犬齿呈门齿状，齿式为 $\dfrac{0.1.3.3}{3.1.3.3}=34$，有特殊的皮肤腺，生活于丘陵山地、森林、草原等地，多群居，大部分夜间活动，行动敏捷，善于奔跑，以植物为食。如小麂 *Muntiacus reevesi*，黑麂 *Muntiacus crini-*

frons(Sclater)。

③**牛科** Bovidae：大、中型草食兽，形态多样，雄性有角，多数雌性也有角，均为洞角，内有骨质髓，外有角质鞘，终身生长，永不脱落；体毛不带斑点，主蹄发达，侧蹄小；头骨的泪骨完整，与鼻骨、额骨间无空隙；齿式 $\dfrac{0.0.3.3}{3.1.3.3}=32$，上颌无门齿和犬齿，臼齿属高齿冠的月形齿；栖息于草原、山地和林区。如中华鬣羚 *Capricornis milneedwardsii*。

（八）翼手目 Chiroptera

哺乳类中唯一适应飞行生活的类群，前肢特化成翼状，指骨和体侧有皮膜相连，形成特有的翼膜，趾端具爪，用于钩挂在树枝或其他粗糙物体上停靠休息。骨骼轻，长骨髓腔大，头骨各骨片相互愈合；锁骨发达，胸骨具龙骨突，以扩大胸肌附着面，适于飞翔，腰带退化。臼齿齿冠呈 W 形排列，多以昆虫为食。夜行性，视觉退化，听觉发达，眼小，耳大，定位和捕食依靠回声定位功能。

蝙蝠科 Vespertilionidae：翼手目中最常见、分布最广、种类最多的类群。吻鼻部不具皮叶状特殊衍生物，有较发达的耳屏，双耳通常分离，股间膜完善，尾长大于后足长，全部穿在股间膜内；头骨不具眶后突，前额骨不具腭支，故硬腭部前端具宽形缺刻，齿式 $\dfrac{1-2.1.1-3.3}{2-3.1.2-3.3}=28-38$，具尖锐的齿尖，典型的食虫型。如折翼蝠/长翼蝠 *Miniopterus fuliginosus*、中华鼠耳蝠 *Myotis chinensis*、渡濑氏鼠耳蝠 *Myotis rufoniger*、普通伏翼 *Pipistrellus pipistrellus*、大棕蝠 *Eptesicus serotinus*。

图 3-45　哺乳纲动物代表物种
A.鼹鼠科缺齿鼹；B.松鼠科豹鼠；C.牛科中华鬣羚

第四章
植物学野外实习

第一节　植物的采集和标本制作

　　植物标本就是将新鲜植物的全株或一部分用物理或化学方法处理后保存起来的实物样品。制作植物标本是解决植物学教具问题的有力手段之一。课堂教学中若有植物的活体，更利于学生加深认识。使用植物标本，能够避免部分植物具有区域性、季节性的限制。同时，植物标本保存了植物的形状与色彩，以便日后的重新观察与研究。少数植物标本也具有收藏的价值。

　　最常见的植物标本是腊叶标本。腊叶标本又称压制标本，通常是将新鲜的植物材料用吸水纸压制使之干燥后，装订在白色硬纸上（这种纸称为台纸）制成。腊叶标本对于植物分类工作意义重大，它使得植物学家在一年四季中都可以查对采自不同地区的标本。一些大的植物标本馆往往收藏百万份以上的腊叶标本，植物学家借助于这些标本从事描述和鉴定。

　　植物腊叶标本的制作过程主要包括：标本采集、标本压制、标本装订和保存。

一、标本采集及制作常用工具

　　标本夹：是压制标本的主要用具之一。它的作用是将吸湿草纸和标本置于其内压紧，使花叶不致皱缩凋落，而使枝叶平坦，容易装订于台纸上。标本夹用坚韧的木材为材料，一般长约43cm，宽30cm；以宽3cm、厚5～7mm的小木条，横直每隔3～4cm，用小钉钉牢，四周用较厚的木条（约2cm）嵌实（图4-1）。

　　枝剪或剪刀：用以剪断木本或有刺植物。

　　采集箱或采集袋：用以临时收藏采集品。

　　小锄头：用来挖掘草本及矮小植物的地下部分。

　　吸湿草纸（普通草纸）：用来吸收水分，使标本易干。最好买大张的，对折后用订书机订好。其装订后的大小:长约42cm,宽约29cm。

记录薄:用于野外记录。

针线、胶水:用于固定植物标本。

台纸(白板纸):用作植物标本的背景板。

塑封机:塑封标本,保存植物标本。

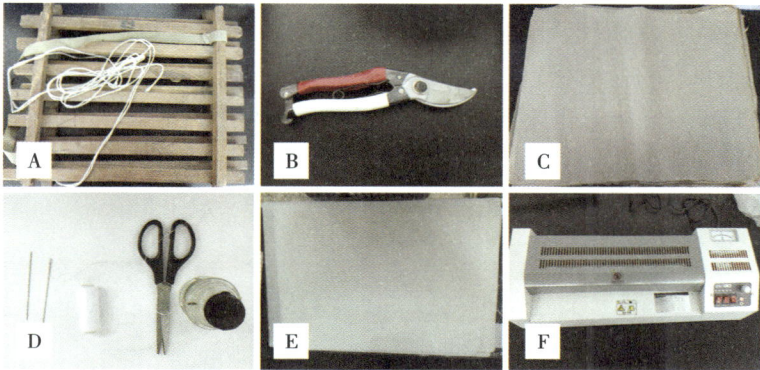

图4-1 植物标本制作工具
A.标本夹;B.枝剪;C.吸水纸;D.剪刀胶水;E.台纸;F.塑封机

二、标本采集方法

应选择以最小面积且能表示最完整的部分,即选取有代表特征的植物体各部分器官,一般除采摘枝叶外,最好采摘带花或果的枝条(图4-2)。如果有用部分是根和地下茎或树皮,也必须同时选取少许压制。每种植物采2份。要用枝剪来取标本,不能用手折,容易伤树且压成的标本也不美观。不同植物标本应选用不同采集方法。

木本植物:应采典型、有代表性特征、带花或果的枝条。对先花后叶的植物,应先采花,后采枝叶,应在同一植株上;雌雄异株或同株的,雌雄花应分别采取。一般应有2年生的枝条,因为2年生的枝条较1年生的枝条常常有许多不同的特征,同时还可见该树种的芽鳞有无和多少。如果是乔木或灌木,标本的先端不能剪去,用于区别藤本类。

草本及矮小灌木:要采取地下部分如根茎、葡萄枝、块茎、块根或根系等,以及开花或结果的全株。

藤本植物:剪取中间一段,在剪取时应注意表示它的藤本性状。

　　寄生植物:须连同寄主一起采压,将寄主的种类、形态、同被采的寄生植物的关系等记录下来。

　　水生植物:很多有花植物生活在水中,有些种类具有地下茎。有些种类的叶柄和花柄是随着水的深度而增长的。因此采集这种植物时,有地下茎的应采取地下茎,这样才能显示出花柄和叶柄着生的位置。但采集时必须注意有些水生植物全株都很柔软而脆弱,一提出水面,它的枝叶即彼此粘贴重叠。带回室内后常失去其原来的形态。因此,采集这类植物时,最好整株捞取,用塑料袋包好,放在采集箱里,带回室内立即将其放在水盆中,等到植物的枝叶恢复原来形态时,用旧报纸一张,放在浮水的标本下轻轻将标本提出水面后,立即放在干燥的草纸里好好压制。

　　蕨类植物:采生有孢子囊群的植株,连同根状茎一起采集。

图4-2　不同类型的植物标本
A.灌木;B.水生植物;C.藤本;D.乔木

三、标本压制方法

　　整形:对采到的标本根据有代表性、面积要小的原则作适当的修理和整枝,剪去多余密集的枝叶,以免遮盖花果,影响观察。如果叶片太大不能在夹板上压制,可沿着中脉的一侧剪去全叶的百分之四十,保留叶尖。若是羽状复叶,可以将叶轴一侧的小叶剪短,保留小叶的基部以及

植物标本制作

小叶片的着生地位,保留羽状复叶的顶端小叶。对肉质植物如景天科、天南星科、仙人掌科等先用开水杀死。对球茎、块茎、鳞茎等除用开水杀死外,还要切除一半,再压制,可促使干燥。

  压制:整形、修饰过的标本及时挂上小标签,将有绳子的一块木夹板做底板,上置吸湿草纸4~5张。然后将标本逐个与吸湿纸相互间隔,平铺在平板上。铺时须将标本的首尾不时调换位置,在一张吸湿纸上放一种或同一种植物。若枝叶拥挤、卷曲时要拉开伸展,叶要正反面都有。过长的草本或藤本植物可作N、V、W形的弯折(图4-3)。最后将另一块木夹板盖上,用绳子缚紧。

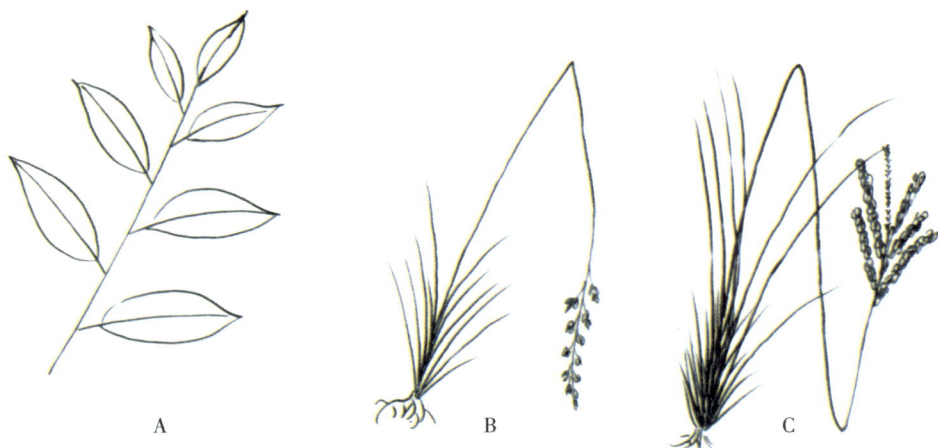

图4-3 植物标本的形状
A.I字形;B.V字形;C.N字形

  换纸干燥:标本压制头两天要勤换吸湿草纸。每天早晚二次换出的湿纸应晒干或烘干。换纸是否勤和干燥,对压制标本的质量关系很大。要特别注意,如果两天内不换干纸,标本颜色会转暗,花、果及叶脱落,甚至发霉腐烂。标本在第二、三次换纸时,要注意整形,枝叶展开,避免折皱。易脱落的果实、种子和花,要用小纸袋装好,放在标本旁边,以免翻压时丢失。

  干燥器干燥:标本也可用便携式植物标本干燥器烘干。原理是通过轴流风机将聚热室中的普通电炉丝和红外辐射同步加热的热气流均匀地吹向干燥室,从瓦楞纸中间的空隙穿过,将植物标本中的水分迅速带走,使标本得以快速干燥。标本压制方法与上述一样,不同的是在每份或每两份标本之间插入1张瓦楞纸,以利水气散发。体积为50cm×30cm×30cm的干燥器每次可干燥100~120份标本。标本上的枝、叶干燥一般耗时20~24h,花、果因类型不同而耗时有不同程度的增加。利用干燥器干燥标本,不需要人工频繁地更换和晾晒吸水纸,提高了干燥速度,降低了工作量,标本不会因频繁换纸而遭到损失、破坏,也不受气候影响,且能较好地保持色泽。同时干燥器所用的红外辐射有杀虫、灭菌作用,有利于植物标本的长期保存。

标本临时保存:标本干后,如不马上上台纸,可留在吸水纸保存较长时间。如吸水纸不够用,也可夹在旧报纸内暂时保存。

标本消毒:由于标本上会附着细菌、真菌、真菌孢子、病毒等以及各种昆虫、昆虫卵,所以,长期保存的标本必须进行有效消毒,杀死上面的有害生物。基本的消毒方法有物理消毒法和化学消毒法。

四、标本装订和保存

把干燥的标本放在台纸上(一般用250g或350g白板纸),台纸大小通常为42cm×29cm。但市场上纸张规格为109cm×78cm,照此只能裁5开,浪费较大,为经济着想,可裁8开,大小为39cm×27cm,也同样可用。一张台纸上只能订一种植物标本,标本的大小、形状、位置要适当进行修剪和安排,然后用棉线或纸条订好,也可用胶水粘贴。在台纸的右下角和右上角要留出,分别贴上鉴定名签。脱落的花、果、叶等,装入小纸袋,粘贴于台纸上(图4-4)。

图4-4 压制好的植物标本(学生作品)

装订好的标本,经定名后,用合适大小的塑封膜进行塑封,根据需求分类放在标本柜或标本箱内,做到低温、避光、干燥保存。标本柜内放适量焦油脑或樟脑精、卫生球和干燥剂,以防蛀虫,并做好保存环境温湿度监测。湿度超标时,及时通风干燥,以防标本发生霉变。

第二节　常见维管植物科检索表的使用

天姥山植物种类非常丰富,根据我们30多年野外实习的记录,天姥山分布的维管植物有160科750属1500余种。面对如此丰富的植物资源,相信同学们会问:"这么多植物,我们怎么才能认识他们呢? 有什么方法可以让我们认识尽可能多的植物呢?"野外实习时,我们要充分利用视觉、触觉、嗅觉和味觉,多看、多摸、多闻、多问,充分调动植物学理论课的知识,来认识和记忆这些植物。除了"望、闻、问、切"感性认识外,还要学会利用工具书准确鉴定植物种类。天姥山野外实习使用的工具书主要有《华东种子植物检索手册》和《浙江植物志新编》,无论是哪种工具书,都需要掌握检索表的使用方法。目前常用的检索表为退格式检索表和平行式检索表两种,不管哪一种检索表都是在两条对立的路径中选择其一,逐步推导。在使用检索表时,首先要求能够准确识别植物结构特征,然后看哪条路径中具有完全匹配的特征,直至得到一个自己认为正确的名称。再借助志书的分类特征描述,最终获得准确名称。

第三节　植物的识别和鉴定

一、石松类与蕨类植物分类特征精细结构

(一)石松类植物(图4-5)

小型叶(Microphyll):无叶隙和叶柄,仅有一条单一不分枝的叶脉,如蛇足石杉、伏地卷柏等的叶。

大型叶(Macrophyll):具叶柄,维管束有或无叶隙,叶脉多分枝,如大多数蕨类叶片。

营养叶(Foliage leaf):仅进行光合作用的叶。

孢子叶(Sporophyll):能产生孢子和孢子囊的叶。

同型叶(Homomorphic leaf):营养叶和孢子叶形状相似,如鳞毛蕨科。

异形叶（Heteromorphic leaf）：营养叶和孢子叶形状完全不相同，如紫萁科。

孢子囊穗（Sporohyll spike）：小型叶蕨类中，孢子囊集生在枝的顶端形成球状或穗状。

孢子囊群（Sorus）：大型叶蕨类中，孢子囊常集生于叶缘或叶背，多数孢子囊聚集成群。

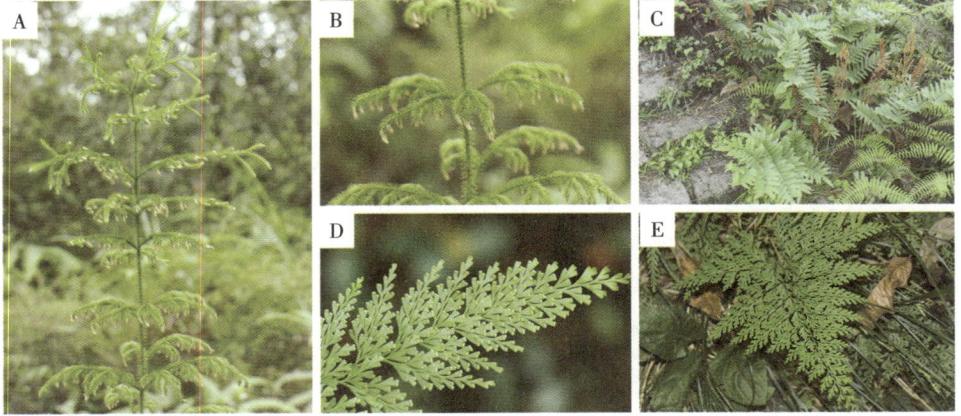

图4-5　石松类与蕨类植物分类特征

A、B.垂穗石松地上茎和叶，属小型叶；B.垂穗石松的孢子囊穗；
C.紫萁的异形叶、孢子叶和营养叶，属大型叶；D.乌蕨的孢子叶、孢子囊群；E.乌蕨的营养叶

（二）蕨类植物

蕨类植物相比石松类植物较为进化，叶片形态复杂。为直观地认识蕨类植物的形态，此处以蕨为例图示介绍（图4-6）。

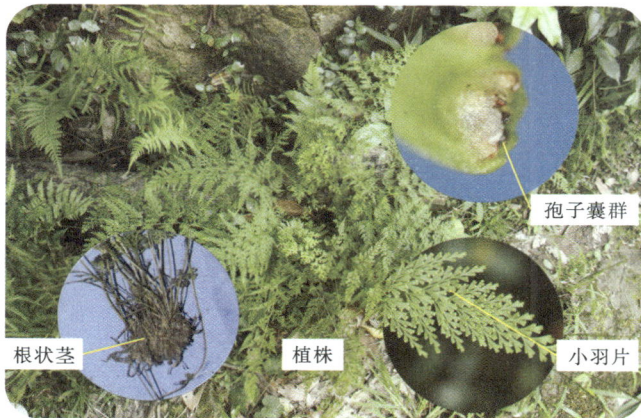

图 4-6　蕨的形态特征

二、裸子植物分类特征精细结构

小孢子叶球（Male cone）：小孢子叶聚集而成，具有含小孢子（花粉粒）的小孢子囊。

大孢子叶球（Female cone）：大孢子叶聚集而成，具裸露胚珠。

裸子植物是一类保留颈卵器，具维管束，可以形成种子的高等植物，此处以黄山松为例图示介绍（图 4-7）。

图 4-7　黄山松的形态特征

三、被子植物分类特征精细结构

(一)生活型(图4-8)

草本植物(Herb plant):茎不木质化而为草质的植物。

灌木植物(Shrub plant):茎高5m以下,基部多分枝的植物。

乔木植物(Tree plant):主茎明显,显著木质化且木质部极发达的植物。

藤本植物(Liana plant):茎干柔软需要支撑物的植物,分为缠绕茎和攀缘茎。依据茎质地的不同又可分为木质藤本和草质藤本。

图4-8 被子植物生活型
A.草本植物;B.灌木植物;C.乔木植物;D.藤本植物

(二)单叶和复叶(图4-9)

单叶(Simple leaf):一个叶柄上只生一张叶片的称为单叶。

复叶(Compound leaf):一个叶柄上生许多小叶片的称为复叶。

(三)单生花、簇生花和花序(图4-10)

单生花:一朵花生于叶腋或枝顶时,称为单生花。

簇生花:多数花密集成簇,生于节处时,称为簇生花。

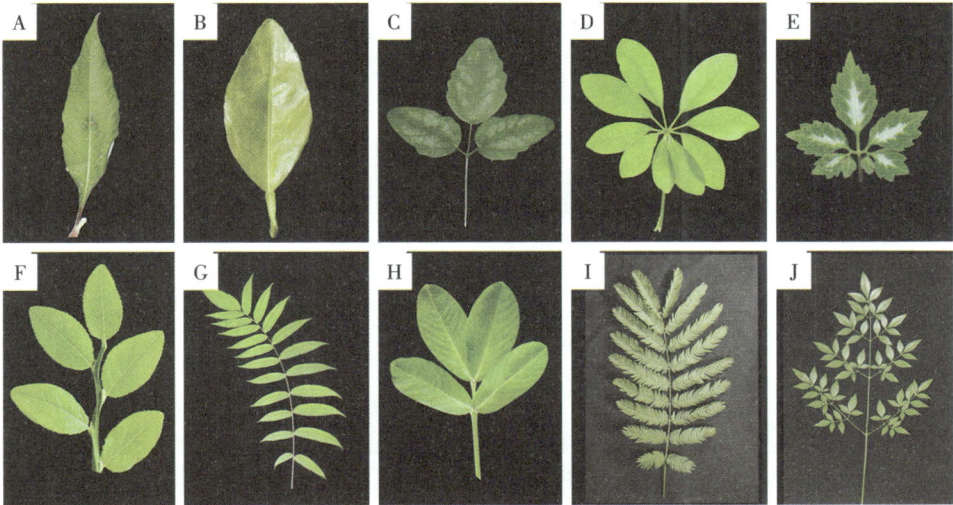

图4-9 单叶、复叶及复叶类型
A.单叶；B.单身复叶；C.三出复叶；D.掌状复叶；E.鸟趾状复叶；
F.小枝（叶腋处有芽）；G奇数羽状复叶；H.偶数羽状复叶；
I.二回羽状复叶；J.三出羽状复叶

图4-10 单生花和簇生花
A.单生花（春兰）；B.簇生花（加拿大紫荆）

花序：花按一定顺序密集或稀疏排列，着生在特殊的花序轴上时，形成花序。花序分为无限花序和有限花序两大类(图4-11)。

图 4-11　花序类型

无限花序：A.总状花序（天目地黄）；B.伞房花序（山樱花）；C.伞形花序（白蕲）；

　　D.穗状花序（北美车前）；E.柔荑花序（胡桃楸）；F.肉穗花序（半夏）；

　　G.头状花序（向日葵）；H.圆锥花序（复总状花序，盐肤木）；I.复伞房花序（野胡萝卜）；

　　J.复伞形花序（石楠）；K.复穗状花序（小麦）；L.复头状花序（苞叶雪莲）

有限花序：M.螺旋状聚伞花序（附地菜）；N.蝎尾状聚伞花序（雄黄兰）；

　　O.二歧聚伞花序（扬子小连翘）；P.多歧聚伞花序（泽漆）；

　　Q.轮伞花序（野芝麻）；R.隐头花序（薜荔）

(四)果实类型

真果:果皮由子房壁发育而来的称为真果。

假果:由子房壁以外的花被、花托及花序轴参与果实组成的称为假果。

聚合果:离生雌蕊每一雌蕊形成一个小果,相聚在同一花托上称为聚合果。

聚花果:果实由整个花序发育而来的称为聚花果。

根据是否有肥厚肉质果皮分为干果和肉果,干果和肉果又细分为若干类型(图 4-12)。

图 4-12　果实类型

A.肉质果实：1.柑果（橙）；2.梨果（苹果）；3.核果（桃）；4.浆果（番茄）；5.瓠果（西瓜）

B.开裂干果：1.长角果（薤菜）；2.短角果（荠）；3.荚果（豌豆）；

　　4.分节断裂的荚果（合萌）；5.蒴果（老鸦瓣）；6.蓇葖果（八角）

C.闭果：1.瘦果（葵花籽）；2.胞果（反枝苋）；3.坚果（白栎）；4.双悬果（黑水当归）；

　　5.颖果（芨草）；6.翅果（椰榆）；7.翅果（三角槭）

D.聚合果：1.聚合坚果（莲）；2.聚合核果（掌叶覆盆子）；3.聚合瘦果（硕苞蔷薇）；

　　4.聚合瘦果（草莓）；5.聚合浆果（南五味子）

E.聚花果：1.薜荔；2.菠萝蜜；3.菠萝；4.构树；5.桑果

第四节　常见植物类群的比较鉴别

一、石松类与蕨类植物 Lycophytes and ferns

石松类与蕨类植物早期称为羊齿植物,具有真正的根,有明显的根、茎、叶分化,出现了维管组织,具世代交替现象;常为多年生草本植物,孢子体发达;叶为小型叶(无叶柄和叶隙,只有单一叶脉)或大型叶(具叶柄、维管束,有或无叶隙,叶脉多分枝);无性生殖产生孢子,有性生殖器官为精子和颈卵器。现代石松类与蕨类植物约13000种,依据现代蕨类植物分类系统(Pteridophyte Phylogeny Group Ⅰ,PPG Ⅰ)可分为两大谱系,即石松纲 Lycopodiopsida 和水龙骨纲 Polypodiopsida。石松纲现存类群包括石松目 Lycopodiales、水韭目 Isoetales 和卷柏目 Selaginellales 3个目,有3科18属1330余种。实习基地有记录的石松纲植物包含3科3属6种。水龙骨纲现存类群包括11目(木贼目 Equisetales、松叶蕨目 Psilotales、瓶尔小草目 Ophioglossales、合囊蕨目 Marattiales、紫萁目 Osmundales、膜蕨目 Hymenophyllales、里白目 Gleicheniales、莎草蕨目 Schizaeales、槐叶蘋目 Salviniales、桫椤目 Cyatheales、水龙骨目 Polypodiales),有48科319属10500余种。实习基地有记录的水龙骨纲植物包含除合囊蕨目之外的目,共21科45属68种。

(一)石松纲(图4-13)

1.石松目 Lycopodiales

小型或中型蕨类,附生或土生。小型叶,仅具中脉,螺旋状排列。孢子囊单生,孢子叶通常集生于枝端形成孢子叶穗。孢子同型或异型。现存石松目仅有石松科 Lycopodiaceae,5属300余种。实习基地常见有蛇足石杉 *Huperzia serrata*,为国家Ⅱ级保护野生植物。

石松目物种

2.水韭目 Isoetales

多年水生或沼生小型或中型蕨类。茎粗短呈块状,具原生中柱,有根托。叶螺旋状排列呈丛生状,线形似韭叶。孢子囊单生在叶基部腹面的穴内,外有盖膜覆盖,孢子有大小之分。本目仅存水韭科 Isoetaceae,全世界约有250

水韭目物种

种,我国有9种,均为国家Ⅰ级保护野生植物。实习基地有保东水韭 *Isoetes ba-odongii*。

3.卷柏目 Selaginellales

多年生土生或石生,极少附生草本。茎具原生中柱或管状中柱,单一或二叉分枝,主茎直立或匍匐,然后直立,多次分枝。叶螺旋排列或排成4行,单叶,具叶舌。孢子叶穗生茎或枝的先端,孢子异型。本目仅存卷柏科(Selaginellaceae)卷柏属,全世界有700余种。实习基地常见4种,如江南卷柏 *Selaginella moellendorffii*、伏地卷柏 *Selaginella nipponica*、卷柏 *Selaginella tamariscina*、翠云草 *Selaginella uncinata*。

卷柏目物种

图4-13 石松类和蕨类代表物种（1）
A.石松目代表种蛇足石杉；B.水韭目代表种保东水韭；C.卷柏目代表种卷柏

(二)水龙骨纲(图4-14、4-15和4-16)

1.木贼目 Equisetales

小型或中型蕨类。根茎长而横行,有节,节上生根。地上枝直立,圆柱形,节间明显,有纵行的脊和沟。叶鳞片状,轮生。孢子囊穗顶生,圆柱形或椭圆形,有的具长柄。孢子同型,具弹丝。现仅存木贼科 Equisetaceae,共约15种。实习基地常见有节节草 *Equisetum ramosissimum*。

木贼目物种

2.瓶尔小草目 Ophioglossales

多年生草本植物。根状茎肉质。叶片一至数枚,孢子叶(能育叶)与营养叶(不育叶)分开,或退化只有孢子叶。孢子叶有柄,穗状或复圆锥状,孢子囊沿囊托边缘两列着生或周围着生。孢子同型。现存有瓶尔小草科 Ophioglossaceae,全世界有4属约80种。实习基地有瓶尔小草 *Ophioglossum vulgatum*。

瓶尔小草目物种

3.紫萁目 Osmundales

陆生中型、少为树形的蕨类。根状茎粗肥,树干状或匍匐状。叶异型,有营养叶和孢子叶之分,营养叶片大,一至二回羽状。孢子囊大,裸露,着生于强度收缩变质的孢子叶(能育叶)的羽片边缘。全世界仅有紫萁科 Osmundaceae,约20种,我国有8种。实习基地常见有紫萁 *Osmunda japonica*。

紫萁目物种

4.膜蕨目 Hymenophyllales

附生或少为陆生植物。根状茎通常横走。有二列生的叶,叶通常很小,膜质,有全缘的单叶至扇形分裂。孢子囊着生到由叶脉延伸到叶边以外而成的、往往突出于囊苞外的圆柱形的囊群托的周围。原叶体丝状或叶状,形状不一。仅有膜蕨科 Hymenophyllaceae,约9属600种,我国有7属50种。实习基地有团扇蕨 *Crepidomanes minutum*。

膜蕨目物种

5.里白目 Gleicheniales

多年生较大型的陆生蕨类植物。有长而横走的根状茎,被鳞片或被节状毛。叶为一型,叶片一回羽状,纸质或近革质。孢子囊群无盖,生于叶下。本目包含罗伞蕨科 Matoniaceae、双扇蕨科 Dipteridaceae 和里白科 Gleicheniaceae 3科。实习基地仅有里白科,常见有芒萁 *Dicranopteris pedata*、里白 *Diplopterygium glaucum*。

里白目物种

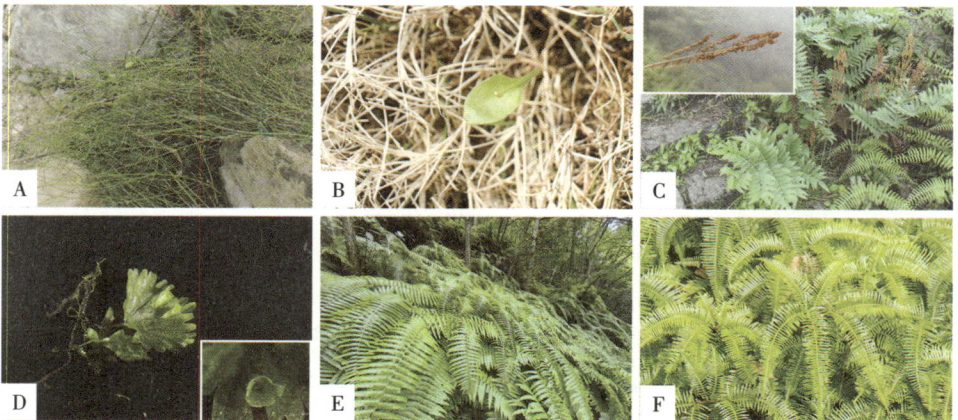

图4-14 石松类和蕨类代表物种(2)

A.木贼目代表种节节草;B.瓶尔小草目代表种瓶尔小草;C.紫萁目代表种紫萁;

D.膜蕨目代表种团扇蕨;E.里白目代表种里白;F.里白目代表种芒萁

6.莎草蕨目 Schizaeales

多年生直立或攀援陆生蕨类植物。根状茎匍匐或横走,有毛。叶簇生或远生,单叶或羽状分裂。孢子囊生于小脉顶端,孢子囊大。本目包含海金沙科 Lygodiaceae、莎草蕨科 Schizaeaceae 和双穗蕨科 Anemiaceae 3 科。实习基地仅有海金沙科,常见有海金沙 *Lygodium japonicum*。

莎草蕨目物种

7.槐叶蘋目 Salviniales

多年生水生蕨类植物。茎纤细横走,有须根或由叶变态的须状假根。叶漂浮在水面,单叶全缘或为二深裂。孢子果着生于茎上,外形有大小之分,孢子异形。雌雄配子体分别在大小孢子囊内发育。本目包含槐叶蘋科 Salviniaceae 和蘋科 Marsileaceae,实习基地常见有槐叶蘋科满江红 *Azolla pinnata* subsp. *Asiatica*、槐叶蘋 *Salvinia natans*、蘋科蘋(四叶苹)*Marsilea quadrifolia*。

槐叶蘋目物种

8.桫椤目 Cyatheales

多年生中型或大型蕨类植物,或树状。常有粗大而高耸的主干或具短粗直立的根状茎。叶簇生顶端,叶片大形,长宽能达数米,羽状复叶。孢子囊群梨形或圆形,具囊群盖。孢子常四面体形。本目包括桫椤科 Cyatheaceae、瘤足蕨科 Plagiogyriaceae、金毛狗科 Cibotiaceae、蚌壳蕨科 Dicksoniaceae 等 8 科。实习基地有瘤足蕨科华东瘤足蕨 *Plagiogyria japonica*、金毛狗科金毛狗 *Cibotium barometz*。

桫椤目物种

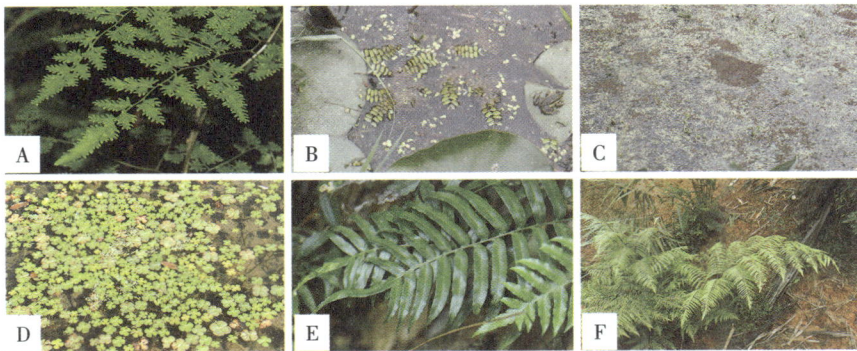

图 4-15　石松类和蕨类代表物种(3)

A.莎草蕨目代表种海金沙;B.槐叶蘋目代表种槐叶蘋;C.槐叶蘋目代表种满江红;
D.槐叶蘋目代表种蘋;E.桫椤目代表种华东瘤足蕨;F.桫椤目代表种金毛狗

9.水龙骨目 Polypodiales

多年生陆生或附生蕨类植物。叶常羽状分裂。孢子囊具有发育良好的垂直环带,中间为孢子囊柄隔断。孢子同型。本目约47科近万种植物。实习基地常见有鳞始蕨科 Lindsaeaceae、凤尾蕨科 Pteridaceae、铁角蕨科 Aspleniaceae、乌毛蕨科 Blechnaceae、鳞毛蕨科 Dryopteridaceae、水龙骨科 Polypodiaceae 等科植物50余种。

水龙骨目物种

水龙骨目分科主要依据生境类型、中柱类型、叶分裂形态、孢子囊群形态和着生位置等特征。

①**鳞始蕨科 Lindsaeaceae**:陆生植物,少有附生和水生。根状茎短而横走,具原始中柱。叶同型,有柄,与根状茎之间不以关节相连,羽状分裂。孢子囊群为叶缘生的汇生囊群,有盖,少为无盖。囊群盖为两层,里层为膜质,外层即为绿色叶边。孢子囊为水龙骨型,柄长而细,孢子四面形或两面形,不具周壁。本科有8属约230种,实习基地仅有乌蕨 *Odontosoria chinensis*。

②**凤尾蕨科 Pteridaceae**:多年生大型或中型陆生蕨类植物。根状茎长而横走,中柱多样,鳞片以基部着生。叶一型,少为二型,长圆形或卵状三角形,羽状分裂。孢子囊群线形。孢子为四面型,罕为两面型,透明。本科约有50属950种,实习基地有6属9种,如银粉背蕨 *Aleuritopteris argentea*、井栏边草 *Pteris multifida*、水蕨 *Ceratopteris thalictroides*。

③**铁角蕨科 Aspleniaceae**:多年石生或附生草本植物,有时为攀援。根状茎横走、卧生或直立。叶远生、近生或簇生,叶形变异极大,单一或羽裂。孢子囊群多为线形,囊群盖厚膜质或薄纸质。孢子囊为水龙骨型,环带垂直。孢子两侧对称。本科有2属700余种,实习基地常见有华南铁角蕨 *Asplenium austrochinense*。

④**乌毛蕨科 Blechnaceae**:土生或有时为附生。根状茎横走或直立,有网状中柱。叶片羽裂,罕为单叶,厚纸质至革质。孢子囊群为长的汇生囊群,囊群盖同形,开向主脉。孢子椭圆形,两侧对称,单裂缝,具周壁,常形成褶皱。本科约14属250种,实习基地仅有狗脊 *Woodwardia japonica*。

⑤**鳞毛蕨科 Dryopteridaceae**:中型或小型陆生植物。根状茎短而直立或斜升,密被鳞片。叶簇生或散生,羽裂,极少单叶。孢子囊群小,顶生或背生于小脉。孢子两面形、卵圆形,具薄壁。本科约25属2100种,实习基地常见有贯众 *Cyrtomium fortunei*、阔鳞鳞毛蕨 *Dryopteris championii*。

⑥**水龙骨科** Polypodiaceae：多年附生或土生中型或小型蕨类。根状茎长而横走，有网状中柱，被鳞片。叶一型或二型，以关节着生于根状茎上，单叶，全缘或分裂。孢子囊群通常为圆形或近圆形，无盖而有隔丝。孢子囊具长柄。孢子椭圆形，单裂缝，两侧对称。本科约50属1200种，实习基地常见有槲蕨 *Drynaria roosii*、阔叶瓦韦（拟瓦韦）*Lepisorus tosaensis*、有柄石韦 *Pyrrosia petiolosa*。

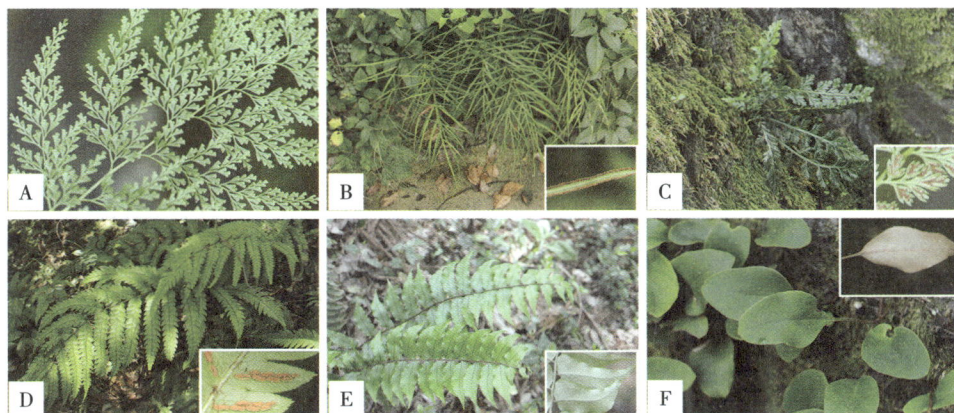

图 4-16　石松类和蕨类代表物种（4）
A.鳞始蕨科代表种乌蕨；B.凤尾蕨科代表种井栏边草；C.铁角蕨科代表种华南铁角蕨；
D.乌毛蕨科代表狗脊；E.鳞毛蕨科代表种贯众；F.水龙骨科代表种有柄石韦

二、裸子植物　Gymnosperms

裸子植物是一组早期分化的胚珠或种子完全或部分暴露的种子植物，为多年生木本植物。叶多为针形、条形或鳞形，常有明显的气孔带。花单性，小孢子叶疏松或紧密排列，组成小孢子叶球，胚珠（大孢子囊）裸生，一颗至多数生于发育良好或不发育的大孢子叶（即珠鳞、珠被、珠托或珠座）上，大孢子叶从不形成密闭的子房，无柱头。胚乳丰富（图4-17）。现存的松纲植物约1200种，根据形态结构特征和分子生物学信息，杨永裸子植物系统分苏铁目 Cycadales、银杏目 Ginkgoales、南洋杉目 Araucariales、柏目 Cupressales、松目 Pinales、麻黄目 Ephedrales、百岁兰目 Welwitschiales、买麻藤目 Gnetales 8个目。我国现有（含引种）有13科51属，约393种，其中银杏科为我国特有科，银杉属、金钱松属、水杉属、侧柏属、白豆杉属等为我国特有属。实习基地有记录的裸子植物隶属（含引种）于苏铁目、银杏目、南洋杉目、柏目和松目，有6科13属14种。

（一）苏铁目 Cycadales

常绿木本植物。叶螺旋状排列，有鳞叶和营养叶，营养叶深裂成羽状，稀叉状二回羽状深裂。雌雄异株，孢子叶球生于顶端。精子具多数鞭毛。现存的苏铁目植物有2科10属，约381种，实习基地仅见苏铁科 Cycadaceae 的苏铁 *Cycas revoluta* 栽培。

苏铁目物种

（二）银杏目 Ginkgoales

高大落叶乔木。树皮纵裂，具长短枝。叶扇形，叉状并列细脉，秋季落叶前变为黄色。雌雄异株，雄球花柔荑花序状，雌球花生于长梗的叉顶。种子常为椭圆形，外种皮肉质，熟时橙黄色，外被白粉，有臭味。本目仅存银杏科 Ginkgoaceae 的银杏 *Ginkgo biloba* 一种，目前仅在我国浙江西天目山、贵州务川和广西北部存在孑遗居群，实习基地常见栽培。

银杏目物种

（三）南洋杉目 Araucariales

常绿乔木或灌木。叶螺旋状着生或交叉对生，叶多形：条形、披针形、椭圆形、钻形、鳞形，或退化成叶状枝。球花单性，雌雄异株或同株。雄球花圆柱状或穗状，单生或簇生叶腋，或生枝顶，雄蕊多数，螺旋状排列。雌球花单生，由多数螺旋状着生的苞片或苞鳞组成，具1枚胚珠。现存的南洋杉目植物有2科23属221种，实习基地仅有罗汉松科 Podocarpaceae 的罗汉松 *Podocarpus macrophyllus* 栽培。

南洋杉目物种

图 4-17　裸子植物代表物种
A.苏铁目代表种苏铁；B.银杏目代表种银杏；C.南洋杉目代表种罗汉松

（四）柏目 Cupressales

常绿或落叶乔木,稀为灌木。叶单生或成束,条形、钻形、针形、披针形、刺形或鳞形,螺旋状着生或交叉对生或轮生。孢子叶球单性,雌雄同株或异株。胚珠生于苞鳞腋部,3个至多数排列紧密或疏松。球果的种鳞（或苞鳞）两侧对称,种子有翅或无翅,胚乳丰富（图4-18）。现存的柏目植物有2科36属198种,实习基地常见有2科8属8种。

柏目物种

柏目分科主要依据叶、雌球花形态等特征。

①**柏科** Cupressaceae:常绿或落叶乔木。叶交叉对生或3~4片轮生,稀螺旋状着生,鳞形或刺形,或同一树本兼有两型叶。球花单性,雌雄同株或异株;小孢子叶常具2~4个花粉囊,花粉无气囊;珠鳞与苞鳞半合生或合生,腹面基部有1至多枚胚珠。球果圆球形、卵圆形或圆柱形,种鳞薄或厚,扁平或盾形,当年成熟。发育种鳞有1至多粒种子;种子周围具窄翅或无翅。如五彩松 *Chamaecyparis pisifera*、柳杉 *Cryptomeria japonica* var. Sinensis、杉木 *Cunninghamia lanceolata*、刺柏 *Juniperus formosana*、侧柏 *Platycladus orientalis*、水杉 *Metasequoia glyptostroboides*。

②**红豆杉科** Taxaceae:常绿乔木或灌木。叶条形或披针形,螺旋状排列或交叉对生,下面沿中脉两侧各有1条气孔带。球花单性,雌雄异株,稀同株;雄球花单生叶腋或苞腋,或组成穗状花序集生于枝顶,雄蕊多数,花粉无气囊;雌球花单生或成对生于叶腋或苞片腋部,胚珠1枚,直立,基部具辐射对称的盘状或漏斗状珠托。种子核果状,被肉质假种皮所包。如南方红豆杉 *Taxus wallichiana* var. Mairei、榧 *Torreya grandis*。

香榧生活史

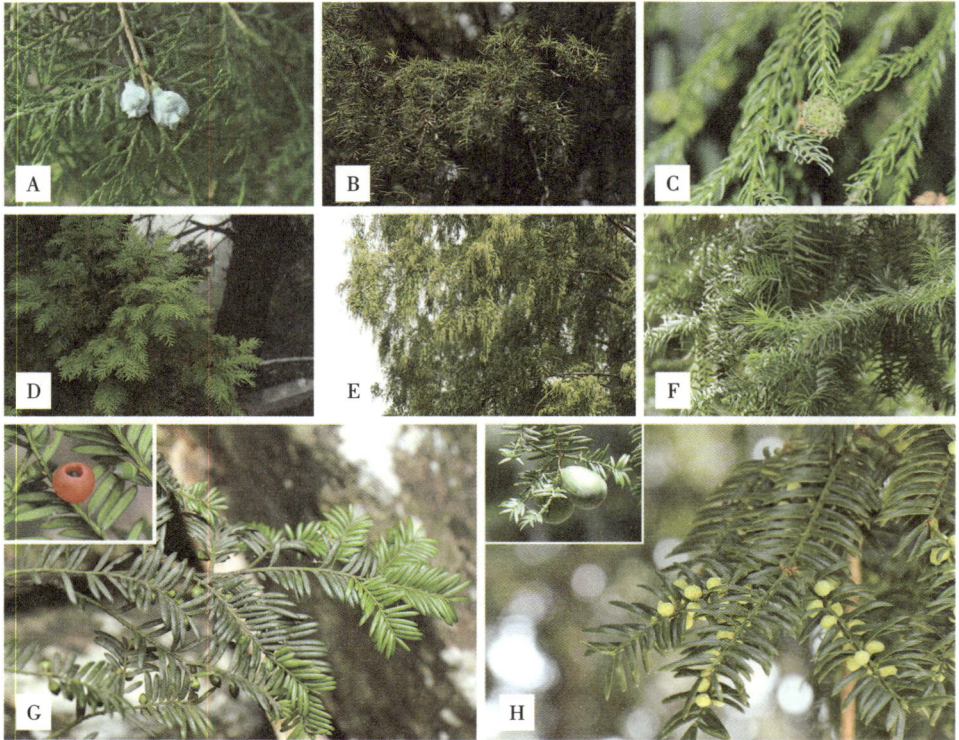

图4-18　柏目代表物种

A.侧柏；B.刺柏；C.柳杉；D.五彩松；E.水杉；F.杉木；G.南方红豆杉；H.榧

（五）松目 Pinales

常绿或落叶乔木,稀为灌木状。叶条形或针形,着生于极度退化的短枝顶端。花单性,雌雄同株;雄球花腋生或单生枝顶,小孢子叶具2花药,花粉常具气囊;雌球花由多数螺旋状着生的珠鳞与苞鳞所组成,每珠鳞的腹(上)面具2枚倒生胚珠。种子常具膜质翅(图4-19)。现存的松目植物仅有松科 Pinaceae,11属272种,实习基地常见有马尾松 *Pinus massoniana*、黄山松(台湾松) *Pinus taiwanensis*、金钱松 *Pseudolarix amabilis*。

松目物种

图4-19　松目代表物种
A.金钱松；B.马尾松；C.黄山松

三、被子植物　Angiospermaes

被子植物是植物界最高级、宏观多样性最丰富的一个类群，通常也叫有花植物或开花植物。胚珠包藏于由心皮（大孢子叶）组成的子房内，具双受精现象（图4-20—图4-43）。现存木兰纲植物（被子植物）共有64目425科，大约13164个已知的属，总共约有30万个已知的种。

（一）睡莲目Nymphaeales

水生草本。植株具黏液，有通气组织。花被片4～12枚，雄蕊3至多数。种子有盖，具外胚乳。本目包含独蕊草科Hydatellaceae、莼菜科Cabombaceae和睡莲科Nymphaeaceae，是现存被子植物的早期分支之一。实习基地有莼菜科和睡莲科2科。

睡莲目物种

睡莲目分科主要依据叶片形状、叶着生方式、花序形态、花被片数量等特征。

莼菜科 Cabombaceae：多年生水生草本。根茎匍匐，茎细长，被黏质，薄壁组织具通气道及有节乳管，茎内维管束散生。叶二型，沉水叶细裂，浮水叶盾状，叶柄长。花单生，伸出水面，辐射对称；花被片6枚，2轮，花瓣状，宿存；雄蕊3～6或12～18枚，花丝稍扁；子房上位，离生心皮；花柱短，柱头顶生或侧生；果不裂，果皮革质，种子1～3颗。如莼菜 *Brasenia schreberi*。

（二）木兰藤目Austrobaileyales

木本或藤本。孤生导管。单叶，常革质。花被片5至多数；雄蕊多数，雌蕊约9枚，常螺旋状排列。果为聚合蓇葖果或聚合浆果。本目包含木兰藤科Austrobaileyaceae、苞被木科Trimeniaceae、和五味子科Schisandraceae，实习

木兰藤目物种

基地仅五味子科有分布。

木兰藤目分科主要依据生活型、花被片形态和数量、果实类型等特征。

五味子科 Schisandraceae：乔木、灌木或藤本。单叶互生，常具透明腺点，无托叶。花单生或簇生叶腋，两性或单性异株，花被片5至多数，雄花具多数雄蕊，心皮离生。聚合蓇葖果或长穗状、球状聚合浆果。本科有3属约70种，实习基地常见有南五味子 *Kadsura longipedunculata*、红毒茴（披针叶茴香）*Illicium lanceolatum*、翼梗五味子 *Schisandra henryi*。

图4-20　被子植物代表物种（1）

A.莼菜科莼菜；B.五味子科南五味子；C.五味子科红毒茴

（三）菖蒲目 Acorales

多年湿生草本。具匍匐根状茎。叶二列，叶轴具黏液毛，基部相互叠套。肉穗花序具佛焰苞，花两性，花被片6枚。浆果。本目仅有1科（菖蒲科 Acoraceae）1属2种，实习基地常见有金钱蒲 *Acorus gramineus*。

菖蒲目物种

（四）泽泻目 Alismatales

多为水生草本。具根状茎和黏液毛。花部雌蕊离生，胎座常分层，水媒传粉。沼生目型胚乳，胚大型，绿色。本目包含天南星科 Araceae、泽泻科 Alismataceae、水鳖科 Hydrocharitaceae、眼子菜科 Potamogetonaceae 等14科。实习基地常见有4科17属30种。

泽泻目物种

本目分科主要依据植株和叶片形态、花部形态、花序形态和果实类型等特征。

①**天南星科** Araceae：草本植物，稀为攀援灌木或附生藤本。具块茎或伸长的根茎，富含苦味水汁或乳汁。叶常基生。花小，常极臭，排列为肉穗花序，外面

有佛焰苞包围。花两性或单性,单性花常无花被;雌雄同序者,雌花居于花序的下部,雄花居于雌花群之上。果为浆果。本科约117属4000余种,实习基地有9属15种,如灯台莲 *Arisaema bockii*、半夏 *Pinellia ternata*、浮萍 *Lemna minor*、芋 *Colocasia esculenta*。

②**泽泻科** Alismataceae:沼生或水生草本。具根状茎、匍匐茎、球茎或珠芽。叶基生,挺水、浮水或沉水,叶片条形、披针形、卵形、椭圆形、箭形等,全缘,叶脉平行,基部具鞘。花序总状、圆锥状或呈圆锥状聚伞花序,花两性、单性或杂性,辐射对称,花被片6枚,2轮。瘦果两侧压扁,或为小坚果。本科约16属100种,实习基地常见有窄叶泽泻 *Alisma canaliculatum*、野慈姑 *Sagittaria trifolia*。

③**水鳖科** Hydrocharitaceae:一年生或多年生淡水和海水草本。根扎于泥里或浮于水中。茎短缩,少有匍匐。叶基生或茎生,基生叶多密集,托叶有或无。佛焰苞合生,花单性,稀两性,常具退化雌蕊或雄蕊。花被片离生,3枚或6枚。果实肉果状,果皮腐烂开裂。种子多数。本科有18属约200种,实习基地常见有水鳖 *Hydrocharis dubia*。

④**眼子菜科** Potamogetonaceae:沼生、淡水生至咸水生或海水生一年生或多年生草本。具根茎匍匐茎,节上生须根和直立茎,稀无根茎。叶互生或基生,形态各异。花序顶生或腋生,多呈简单的穗状或聚伞花序,开花时花序挺出水面、漂浮水面;传粉途径包括风媒、水表传粉、水媒或闭花受精,花小或极简化,雄蕊1～6枚,通常无花丝,雌蕊具心皮1～4枚或多枚。果实多为小核果状或小坚果状。本科有3属85种,实习基地常见有南方眼子菜 *Potamogeton octandrus*。

(五)薯蓣目 Dioscoreales

多为缠绕型藤本。叶常具网状脉。常为下位子房,花柱短,具分叉。本目包含沼金花科 Nartheciaceae、水玉簪科 Burmanniaceae 和薯蓣科 Dioscoreaceae,实习基地常见薯蓣科薯蓣属植物,如黄独 *Dioscorea bulbifera*。

薯蓣目物种

图 4-21　被子植物代表物种（2）

A.菖蒲科金钱蒲；B.天南星科半夏；C.泽泻科窄叶泽泻；

D.水鳖科水鳖；E.眼子菜科南方眼子菜；F.薯蓣科黄独

（六）露兜树目 Pandanales

草本或木本，自养或异养。本目包含翡若翠科 Velloziaceae、霉草科 Triuridaceae、百部科 Stemonaceae、露兜树科 Pandanaceae 和环花草科 Cyclanthaceae，实习基地有百部科金刚大属植物金刚大 *Croomia japonica*。

露兜树目物种

（七）百合目 Liliales

通常为多年生草本。具根状茎、鳞茎或球茎。单叶。花序各式各样，花两性，稀为单性，通常3基数，花被常2轮，常有斑点。果实通常为蒴果，稀为浆果。种子多数。本目包含藜芦科（黑药花科 Melanthiaceae）、秋水仙科 Colchicaceae、菝葜科 Smilacaceae、百合科 Liliaceae 等10科，实习基地常见4科7属24种。

百合目物种

①**藜芦科**（黑药花科）Melanthiaceae：多年生草本，具根状茎，稀具鳞茎；叶基生或茎生，或数枚轮生于茎顶；花序总状、穗状、圆锥状、伞形，或花单生；花被片6枚，稀3至多枚，离生或基部合生；雄蕊与花被片同数；子房上位，3室，稀3～10室，每室具2颗至多数胚珠；蒴果，稀为浆果。本科有16属，约160种，实习基地常见2种，即华重楼 *Paris polyphylla* var. *chinensis*、牯岭藜芦 *Veratrum schindleri*。

②**秋水仙科** Colchicaceae：多年生草本，具块茎或根状茎；茎直立，有时攀缘；叶互生、近对生或轮生；花两性，稀单性；花被片6枚，排成2轮，离生或基部合生；雄蕊6枚；子房3室，每室具多数胚珠；果实为蒴果，稀浆果而不裂。本科有15属，约245种，实习基地有少花万寿竹 *Disporum uniflorum*。

③**百合科** Liliaceae：多年生草本，具鳞茎或根状茎；叶基生或茎生；花序总状或伞形，或为聚伞圆锥花序；花被片6枚，排成2轮，等大或不等大；雄蕊6枚；子房上位，3室，每室有2颗至多数胚珠；蒴果或浆果。本科有15属，约640种。实习基地有4属9种，常见有野百合 *Lilium brownii*、油点草 *Tricyrtis macropoda*。

④**菝葜科** Smilacaceae：攀缘或直立小灌木，稀为草本；枝常有刺，稀无刺；叶互生，排成2列，全缘，具弧形脉和网状细脉；叶柄两侧边缘常具翅状鞘，鞘的上方有一对卷须或无卷须；花单性异株，通常排成单个腋生的伞形花序；花被片6枚，离生或合生；雄花具雄蕊3～18枚；雌花具退化雄蕊，子房3室，每室具1～2个胚珠；浆果球形，具少数种子。本科有1属，310余种。实习基地常见2种，即菝葜 *Smilax china*、土茯苓 *Smilax glabra*。

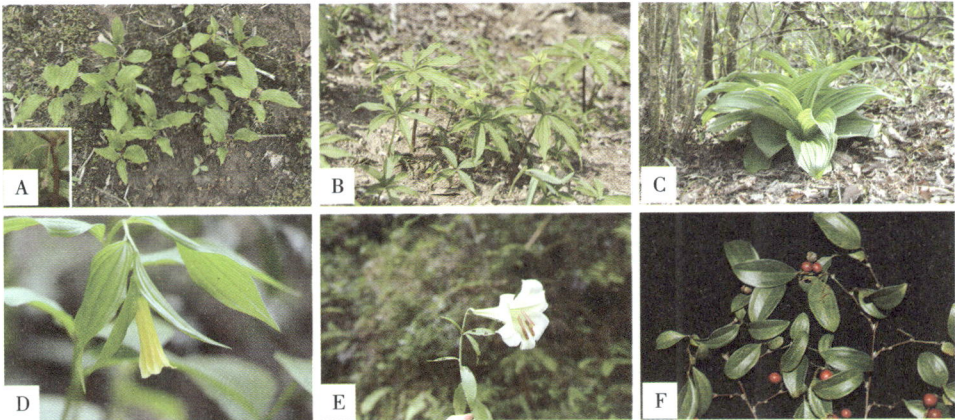

图4-22　被子植物代表物种（3）
A.百部科金刚大；B.藜芦科华重楼；C.藜芦科牯岭藜芦；
D.秋水仙科少花万寿竹；E.百合科野百合；F.菝葜科菝葜

（八）天门冬目 Asparagales

多年生草本。具鳞茎或根状茎。叶基生或茎生。花序总状或伞形，花被片6枚；子房上位，3室。蒴果或浆果。

天门冬目物种

本目包含兰科 Orchidaceae、鸢尾科 Iridaceae、石蒜科 Amaryllidaceae、天门冬科 Asparagaceae 等 14 个科,实习基地有 5 科 28 属 53 种。

①**兰科 Orchidaceae**:地生、附生或腐生草本,稀为攀缘藤本;具块茎、根状茎或假鳞茎;叶基生或茎生;花序顶生或侧生,成总状花序或圆锥花序,单花或多花;花梗和子房常扭转;花两性,通常两侧对称;花被片 6 枚,2 轮;离生或部分合生;花常具距或囊;中央花瓣特化为唇瓣,位于远轴端;具蕊柱和蕊喙;花粉常粘合成团块;子房下位,1 室,侧膜胎座,较少 3 室而具中轴胎座;果常为蒴果,少荚果;种子极多,细小,粉尘状,无胚乳,具翅。本科有 815 属,22000~27000 种。实习基地有 20 属 29 种,如小沼兰 *Oberonioides microtantha*、春兰 *Cymbidium goeringii*。

兰花生活史

②**鸢尾科 Iridaceae**:多年生草本,稀为灌木状、一年生草本或腐生草本,具根状茎、块茎或鳞茎;叶基生或茎生,常为扁平的剑形,排成两列,基部鞘状;花序通常蝎尾状,或为穗状或单花;花辐射对称或两侧对称,花被片 6 枚,排成 2 轮,下部合生,内外轮等大或不等大;雄蕊 3 枚;子房下位(仅 1 种为上位),3 室,中轴胎座;蒴果。本科有 74 属,1750~1800 种。实习基地有射干 *Belamcanda chinensis*。

③**阿福花科 Asphodelaceae**:多年生草本,通常具短的根状茎,或为多肉植物,稀为灌木状或大乔木状;叶基生或茎生,草质或肉质;总状、穗状、圆锥或聚伞花序,通常顶生;花被片 6 枚,排成 2 轮,离生或不同程度合生;雄蕊 6 枚,稀为 3 枚;子房上位,稀为半下位,3 室,稀为 1 室,中轴胎座;果实为蒴果,稀为浆果、坚果或分果。本科有 41 属,910 种。实习基地常见 1 属 1 种,即萱草 *Hemerocallis fulva*。

④**石蒜科 Amaryllidaceae**:多年生草本,具鳞茎,稀具根状茎;叶基生,常为带状;伞形花序生于花葶顶端,有花 1 朵至多数,开放前被膜质佛焰状的总苞所包;花被片和雄蕊均为 6 枚,排成 2 轮;子房上位(百子莲亚科和葱亚科)或下位(石蒜亚科),3 室,中轴胎座;蒴果。本科有 77 属,1460 种。实习基地常见 3 属 6 种,如石蒜 *Lycoris radiata*。

⑤**天门冬科 Asparagaceae**:多年生草本,有时为乔木状或灌木状;具鳞茎、球茎或根状茎;总状、穗状、圆锥或聚伞花序,若为伞形花序则地下茎为球茎且无葱蒜气味,可与石蒜科区别;花被片 6 枚,稀为 4 枚,离生或不同程度合生;雄蕊 6 枚,稀为 3 或 4 枚;子房上位,稀为下位(龙舌兰族 Agaveae),3 室,中轴胎座;蒴果或浆果。本科有 172 属,2240~2390 种。实习基地常见 9 属 15 种,如天门冬 *As-

paragus cochinchinensis、多花黄精 *Polygonatum cyrtonema*。

图 4-23　被子植物代表物种（4）
A.兰科春兰；B.鸢尾科射干；C.阿福花科萱草；
D.石蒜科石蒜；E.天门冬科天门冬；F.天门冬科多花黄精

（九）棕榈目 Arecales

灌木、藤本或乔木状。茎通常不分枝，表面平滑、粗糙或有刺。叶互生，在芽时折叠，叶柄基部通常扩大成具纤维的鞘。花小，单性或两性，雌雄同株或异株，组成分枝或不分枝的肉穗花序，花萼 3 枚，花瓣 3 枚，雄蕊通常 6 枚。果实为核果或硬浆果。本目包含棕榈科 Arecaceae 和鼓槌草科 Dasypogonaceae 两个科。实习基地仅有棕榈科，常见种棕榈 *Trachycarpus fortunei*。

棕榈目物种

（十）鸭跖草目 Commelinales

草本。叶常具叶鞘。花两性，3 基数，花萼花冠分化，雄蕊 1～6，雌蕊 3 心皮。蒴果。本目包含钵子草科 Hanguanaceae、鸭跖草科 Commelinaceae、田葱科 Philydraceae、雨久花科 Pontederiaceae、血草科 Haemodoraceae，实习基地有鸭跖草科和雨久花科。

鸭跖草目物种

①**鸭跖草科** Commelinaceae：一年生或多年生草本；叶互生，有明显的叶鞘；

聚伞花序单生或集成圆锥花序;花两性,稀单性;萼片3枚,分离或仅在基部连合,花瓣3枚,分离,稀在中部合生成筒;雄蕊常为6枚,全部能育或仅2~3枚能育,花丝有念珠状长毛或无毛;果实多为室背开裂的蒴果,稀为浆果状而不裂。本科有35属,约650种。实习基地常见5属9种,如裸花水竹叶 *Murdannia nudi-flora*、鸭跖草 *Commelina communis*、饭包草 *Commelina benghalensis*。

②**雨久花科** Pontederiaceae:多年生或一年生的水生或沼生草本,直立或飘浮;叶通常二列,大多数具有叶鞘和明显的叶柄,叶片宽线形至披针形或宽心形;顶生总状、穗状或聚伞圆锥花序,生于佛焰苞状叶鞘的腋部;花两性,辐射对称或两侧对称;花被片6枚,排成2轮,合生,花瓣状,蓝色、淡紫色、白色,很少黄色;雄蕊多数为6枚,2轮,稀为3或1枚;子房上位,3室或1室;蒴果室背开裂或小坚果。本科有2属,约46种,如鸭舌草 *Monochoria vaginalis*。

(十一)**姜目** Zingiberales

多为草本植物。具根状茎及纤维状或块状根。叶具叶鞘。花两性,常两侧对称,异型花被。通常有特化为花瓣状的退化雄蕊。蒴果。本目包含芭蕉科 Musaceae、美人蕉科 Cannaceae、姜科 Zingiberaceae 等8个科,实习基地有芭蕉科、美人蕉科和姜科。

姜目物种

①**芭蕉科** Musaceae:多年生草本;叶鞘层层重叠包成假茎;花单性或两性,1~2列簇生于大型、常有颜色的苞片内,下部苞片内的花为雌花或两性花,上部苞片内的花为雄花;花被片部分连合呈管状,顶端具齿裂,内轮中央的1枚花被片离生;发育雄蕊5枚;子房下位,3室,胚珠多数;肉质或革质浆果,不开裂。本科有3属,40余种,实习基地常见有芭蕉 *Musa basjoo*。

②**美人蕉科** Cannaceae:多年生草本,具块茎;叶大,互生,有明显的羽状平行脉;花序穗状、总状或圆锥状,顶生;花两性,不对称;萼片3枚,绿色,花瓣3枚,绿色或其他颜色;退化雄蕊花瓣状,基部连合,为花中最显著的部分,3~4枚,外轮的3枚较大,内轮的1枚较狭,外反;发育雄蕊的花丝也呈花瓣状;子房下位,3室,每室有胚珠多颗;蒴果具小瘤体或柔刺。本科有1属10种,实习基地常见有美人蕉 *Canna indica*。

③**姜科** Zingiberaceae:多年生草本,稀一年生,通常具有芳香、匍匐或块状的根状茎;地上茎高大或很矮或无;叶基生或茎生,通常二行排列;花单生或组成穗状、总状或圆锥花序;花常为两性,通常两侧对称,具苞片;花被片6,2轮,外轮萼

状,通常合生成管,内轮花冠状,美丽而柔嫩,基部合生成管状;退化雄蕊2~4枚,其中外轮的2枚称侧生退化雄蕊,呈花瓣状,齿状或不存在,内轮的2枚联合成一唇瓣,常十分显著而美丽,稀无;发育雄蕊1枚;子房下位,3室或1室;蒴果室背开裂或不规则开裂,或浆果状不开裂。本科有60属,约1300种,实习基地有山姜 *Alpinia japonica*。

图4-24　被子植物代表物种(5)

A.棕榈科棕榈;B.鸭跖草科鸭跖草;C.雨久花科鸭舌草;
D.芭蕉科芭蕉;E.美人蕉科美人蕉;F.姜科多花山姜

(十二)禾本目 Poales

多为草本。叶、花序和花的形态极为多样。花常风媒传粉,无蜜腺。本目包括禾本科 Poaceae、香蒲科 Typhaceae、凤梨科 Bromeliaceae 等14个科。

禾本目物种

①**香蒲科 Typhaceae**:多年生水生或沼生草本,具根状茎;茎直立或倾斜,挺水或浮水;叶二列,条形;花序穗状、圆锥状或总状;花单性,雌雄同株;花被片有或无;雄花雄蕊1~3枚;雌花子房1室,胚珠1枚,倒生;果实不裂或开裂。本科有2属,30余种,实习基地常见有香蒲 *Typha orientalis*。

②**灯心草科 Juncaceae**:多年生草本,稀为一年生;茎多丛生,圆柱形或压扁;叶全部基生,或具茎生叶数片,或退化呈鞘状;花序圆锥状、聚伞状或头状,顶生、腋生或有时假侧生;花单生或集成穗状或头状;花被片6枚,排成2轮;雄蕊6枚,分离;子房上位,1室或3室,花柱1根,柱头3分叉;果实通常为室背开裂的蒴果。

本科有9属,360~400种,实习基地常见有野灯心草 *Juncus setchuensis*。

③**莎草科** Cyperaceae:多年生草本,稀为一年生,多数具根状茎;秆常为三棱形,少为圆柱形。叶基生和秆生,一般具闭合的叶鞘和狭长的叶片,或有时叶片退化;花序穗状、总状、圆锥状或头状花序;小穗单生、簇生或排列成穗状或头状,具2朵至多数花,或退化至仅具1朵花;花两性或单性,雌雄同株,少有雌雄异株,着生于鳞片腋间,鳞片覆瓦状排列或二列,无花被或花被退化成下位鳞片或下位刚毛,有时雌花为先出叶所形成的果囊所包裹;雄蕊1~3枚;子房1室,具1胚珠;果实为小坚果。本科有94属,5000~5300种。实习基地有具芒碎米莎草 *Cyperus microiria*、褐果薹草 *Carex brunnea*。

④**禾本科** Poaceae:草本或木本状的竹类;秆多为直立,节间中空;单叶,互生,交互排列为2行,由叶鞘、叶舌和叶片组成;花在小穗轴上交互排列为2行以形成小穗,再组合为各式各样的复合花序;小穗下部具苞片和先出叶各1片,称为颖片,分别为第一颖和第二颖;陆续在上方的各节着生苞片和先出叶,分别称为外稃和内稃,花被片退化为鳞被,雄蕊常3枚,稀多数,雌蕊1,花柱2~3根,柱头羽毛状或帚刷状,内外稃连同所包裹的花部结构合称为小花;果实通常为颖果,稀为囊果或坚果状。本科有802属,11000种以上,实习基地有稗 *Echinochloa crusgalli*、淡竹叶 *Lophatherum gracile*、毛竹 *Phyllostachys edulis* 等。

图4-25 被子植物代表物种(6)
A.香蒲科香蒲;B.灯心草科灯心草;C.莎草科具芒碎米莎草;D.禾本科毛竹

（十三）胡椒目 Piperales

草本、灌木或攀援藤本，稀为乔木。叶两列，叶基部具鞘近轴面先出，叶单生，节膨大，通常有托叶。花两性或单性，心皮1～5，分离或连合。果为浆果、核果、蒴果或分果片。本目包含三白草科 Saururaceae、胡椒科 Piperaceae、马兜铃科 Aristolochiaceae，实习基地3科均有分布。

胡椒目物种

①三白草科 Saururaceae：多年生草本。茎直立或匍匐状，具明显的节。叶互生，单叶，托叶贴生于叶柄上。花两性，聚集成稠密的穗状花序或总状花序，苞片显著，无花被。果为分果片或蒴果顶端开裂。本科有4属6种，实习基地有蕺菜（鱼腥草）*Houttuynia cordata* 和三白草 *Saururus chinensis*。

②胡椒科 Piperaceae：草本、灌木或攀援藤本，稀为乔木，常有香气；维管束多少散生而与单子叶植物的类似。叶互生，少有对生或轮生，单叶，两侧常不对称，具掌状脉或羽状脉；托叶多少贴生于叶柄上或否，或无托叶。花小，两性、单性雌雄异株或间有杂性，密集成穗状花序或由穗状花序再排成伞形花序，极稀有成总状花序排列，花序与叶对生或腋生，少有顶生；苞片小，通常盾状或杯状，少有勺状；花被无；雄蕊1～10枚，花丝通常离生，花药2室，分离或汇合，纵裂；雌蕊由2～5心皮所组成，连合，子房上位，1室，有直生胚珠1颗，柱头1～5根，无或有极短的花柱。浆果小，具肉质、薄或干燥的果皮。本科有5属3600余种，实习基地有草胡椒 *Peperomia pellucida* 和山蒟 *Piper hancei*。

③马兜铃科 Aristolochiaceae：草质或木质藤本、灌木或多年生草本，稀乔木；根、茎和叶常有油细胞。单叶互生，叶片全缘或3～5裂，基部常心形，无托叶。花两性，单生、簇生或排成总状、聚伞状或伞房花序，花色通常艳丽而有腐肉臭味，花被辐射对称或两侧对称，花瓣状。蒴果蓇葖果状、长角果状或为浆果状；种子多数，常藏于内果皮中。本科有8属600余种，实习基地有马兜铃 *Aristolochia debilis* 和杜衡 *Asarum forbesii*。

（十四）木兰目 Magnoliales

多年生木本植物。髓具隔膜。单叶，排为两列。花两性或单性，雄蕊多数，胚珠具珠孔塞，胚乳丰富，嚼烂状。本目包含肉豆蔻科 Myristicaceae、木兰科 Magnoliaceae、单心木兰科 Degeneriaceae、瓣蕊花科 Himantandraceae、帽花木科 Eupomatiaceae、番荔枝科 Annonaceae，实习基地仅分

木兰目物种

布有木兰科。

本目分科主要依据生活型、雌蕊群、果实类型和胚珠数目等特征。

木兰科 Magnoliaceae:常绿或落叶乔木,稀灌木。皮叶有香气。单叶互生,托叶大,包被幼芽,脱落后形成环状托叶痕。花单生,辐射对称,花被片6～9枚,花瓣状,雌雄蕊多数,分离,螺旋状排列于花托上。常为聚合蓇葖果。本科有17属300种,实习基地常见有深山含笑 *Michelia maudiae*、二乔玉兰 *Yulania sou-langeana*、木莲 *Manglietia fordiana*。

(十五)樟目 Laurales

多年生木本植物。叶对生,常革质。花部定数,轮状排列,3基数,雄蕊花丝明显,常具退化雄蕊,花药常镊合状排列,心皮具1枚胚珠。本目包含蜡梅科 Calycanthace-ae、坛罐花科 Siparunaceae、奎乐果科 Gomortegaceae、香皮檫科 Atherospermataceae、莲叶桐科 Hernandiaceae、玉盘桂科 Monimiaceae 和樟科 Lauraceae,实习基地有蜡梅科和樟科分布。

樟目物种

本目分科主要依据生活型、花部形态和果实类型等特征。

①**蜡梅科** Calycanthaceae:落叶或常绿灌木。小枝四方形至近圆柱形,有油细胞。单叶对生,羽状脉,无托叶。花两性,辐射对称,通常芳香,黄色、黄白色或褐红色或粉红白色;花被片多数,未明显地分化成花萼和花瓣,成螺旋状着生于被丝托上;心皮少数至多数,离生。聚合瘦果着生于坛状的果托之中。本科有2属9种,实习基地常见有蜡梅 *Chimonanthus praecox*。

②**樟科** Lauraceae:常绿或落叶木本,仅有无根藤属(Cassytha)是无叶寄生藤本。树皮通常含芳香。叶常互生,通常革质,无托叶。多为有限花序,花通常小,白或绿白色,花两性或由于败育而成单性,雌雄同株或异株,辐射对称,通常3基数,3心皮形成一个单室子房。果为浆果或核果。本科约45属,2000～2500余种。实习基地有7属21种,如檫木 *Sassafras tzumu*、山鸡椒 *Litsea cubeba*、乌药 *Lindera aggregata*。

(十六)金粟兰目 Chloranthales

多年生草本、灌木或小乔木。节膨大。叶对生,边缘具齿,具托叶。花小,花被片0～3枚,雄蕊1～5枚,单雌蕊,心皮中1枚顶部着生胚珠。核果。本目仅有金粟兰科 Chloranthaceae,共4属75种,实习基地有及己 *Chloranthus serratus*。

金粟兰目物种

图 4-26　被子植物代表物种（7）

A.三白草科代表种蕺菜；B.胡椒科代表种草胡椒；C.马兜铃科代表种马兜铃；

D.木兰科代表种木莲；E.蜡梅科蜡梅；F.樟科山鸡椒；

G.樟科乌药；H.樟科檫木；I.金粟兰科及已

（十七）毛茛目 Ranunculales

常见草本（图4-27）。叶常分裂。花部分轮，花被单轮或双轮，心皮离生/边缘合生，子房上位。蓇葖果。本目包含罂粟科 Papaveraceae、小檗科 Berberidaceae、毛茛科 Ranunculaceae 等7个科，实习基地有5科。

毛茛目物种

①**罂粟科** Papaveraceae：草本或稀为亚灌木、小灌木或灌木，常有乳汁或有色液汁。主根明显，稀纤维状或形成块根，稀有块茎。基生叶通常莲座状，茎生叶互生，无托叶。花单生或排列成总状花序、聚伞花序或圆锥花序，花两性，花瓣通常二倍于花萼，大多具鲜艳的颜色，侧膜胎座。果为蓇葖果。种子细小，球形、卵圆形或近肾形。本科有47属，约800种。实习基地有2属9种，如博落回 *Macleaya cordata*、小花黄堇 *Corydalis racemosa*、刻叶紫堇 *Corydalis incisa*。

②**木通科** Lardizabalaceae：常见木质藤本。叶互生，掌状或三出复叶，很少

为羽状复叶,无托叶,叶柄和小柄两端膨大为节状。花辐射对称,单性,雌雄同株或异株,萼片花瓣状,6片,排成两轮,心皮3枚。果为肉质的骨葖果或浆果,不开裂或沿向轴的腹缝开裂。本科有10属,40余种。实习基地有4属6种,如木通 *Akebia quinata*、大血藤 *Sargentodoxa cuneata*。

③**防己科** Menispermaceae:攀援或缠绕藤本,木质部常有车辐状髓线。叶螺旋状排列,无托叶,叶柄两端肿胀。聚伞花序,花通常小,不鲜艳,花瓣通常分离,心皮3~6枚,较少1~2或多数,分离。核果。种子通常弯,种皮薄。本科有75属,约450种。实习基地有6属8种,如木防己 *Cocculus orbiculatus*。

④**小檗科** Berberidaceae:灌木或多年生草本,有时具根状茎或块茎。茎具刺或无。叶常互生,托叶存在或缺。花序顶生或腋生,花两性,辐射对称,花被通常3基数,基生或侧膜胎座。果实为浆果、蒴果、菁葖果或瘦果。本科有19属,650余种。实习基地有6属10种,如阔叶十大功劳 *Mahonia bealei*、南天竹 *Nandina domestica*。

⑤**毛茛科** Ranunculaceae:草本,少有灌木或木质藤本。叶通常互生或基生,少数对生,单叶或复叶,通常掌状分裂,无托叶。花单生或组成各种聚伞花序或总状花序,雄蕊螺旋状排列,心皮分生,少有合生。果实为菁葖或瘦果,少数为蒴果或浆果。本科有59属,约2500种。实习基地有9属31种,如毛茛 *Ranunculus japonicus*、女萎 *Clematis apiifolia*、山木通 *Clematis finetiana*。

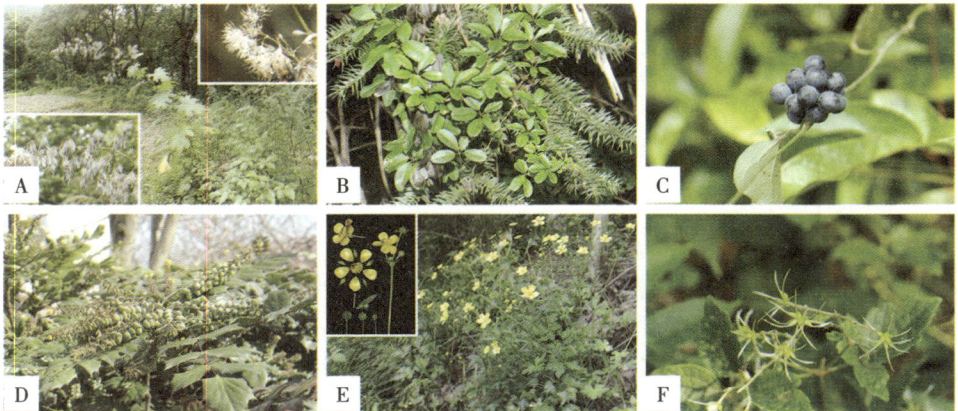

图4-27 被子植物代表物种(8)

A.罂粟科博落回;B.木通科木通;C.防己科木防己;D.小檗科阔叶十大功劳;

E.毛茛科毛茛;F.毛茛科女萎

（十八）山龙眼目 Proteales

乔木或灌木，稀为多年生草本（图4-28）。叶互生。花两性，雄蕊着生于花冠，连接物有时具顶端附属物。蓇葖果、坚果、核果或蒴果。本目包含清风藤科 Sabiaceae、莲科 Nelumbonaceae、悬铃木科 Platanaceae、山龙眼科 Proteaceae，实习基地有3科。

山龙眼目物种

①**清风藤科** Sabiaceae：乔木、灌木或攀援木质藤本。单叶或奇数羽状复叶，无托叶。花两性或杂性异株，辐射对称或两侧对称，通常排成腋生或顶生的聚伞花序或圆锥花序，有时单生，常5基数。核果。本科有4属，80～100种。实习基地有2属9种，如鄂西清风藤 *Sabia campanulata* subsp. *ritchieae*。

②**莲科** Nelumbonaceae：多年生、水生草本。根状茎横生，粗壮。叶盾状，漂浮或高出水面，近圆形，叶脉放射状。花大美丽，伸出水面，萼片4～5枚，花瓣大，颜色多样，内轮渐变成雄蕊，花托海绵质，果期膨大。坚果矩圆形或球形。本科有1属2种，实习基地常见有莲 *Nelumbo nucifera*。

③**悬铃木科** Platanaceae：落叶乔木。树皮薄片状剥落，表面平滑，叶柄下芽。叶互生，大形单叶，有长柄，具掌状脉，托叶明显，早落。花单性，雌雄同株，排成紧密球形的头状花序。果为聚合果，每个坚果有种子1颗。本科有1属，约11种，实习基地常见二球悬铃木 *Platanus acerifolia*。

（十九）黄杨目 Buxales

常绿灌木、小乔木或草本。单叶，互生或对生，全缘或有齿牙，无托叶。花小，无花瓣，花序总状或密集的穗状，花柱3根（稀2根），常分离，宿存。果实为室背裂开的蒴果，或肉质的核果状。种子黑色、光亮。本目仅有1科4属，约100种。实习基地有1属2种，如黄杨 *Buxus sinica*。

黄杨目物种

图4-28　被子植物代表物种（9）
A.清风藤科鄂西清风藤；B.莲科莲；C.悬铃木科二球悬铃木；D.黄杨科黄杨

（二十）虎耳草目 Saxifragales

草本或木本（图 4-29）。叶具腺齿。花常具被丝托，心皮顶部不融合，柱头下延。蒴果，多干燥开裂。本目包含虎耳草科 Saxifragaceae、景天科 Crassulaceae、金缕梅科 Hamamelidaceae 等 15 个科，实习基地常见有 6 科。

虎耳草目物种

①**芍药科 Paeoniaceae**：多年生草本或亚灌木。花大而美丽，萼片 5 枚，宿存，花瓣 5～10 枚，雄蕊多数，心皮 2～5 枚，离生。蓇葖果。本科有 1 属，约 33 种，实习基地有芍药 *Paeonia lactiflora*。

②**蕈树科 Altingiaceae**：常绿或落叶乔木，叶具掌状脉或羽状脉，常为掌状裂，托叶线形。花单性，同株，常聚成头状花序；萼筒与子房合生，萼齿针状或缺；无花瓣；雄蕊多数，花药 2 室；子房半下位，2 室，花柱 2，胚珠多数，种子有棱或窄翅。本科有 1 属，约 15 种，实习基地有枫香树 *Liquidambar formosana*。

③**金缕梅科 Hamamelidaceae**：常绿或落叶乔木和灌木。叶常互生，通常有明显的叶柄。花排成头状花序、穗状花序或总状花序，萼筒与子房分离或多少合生，花瓣与萼裂片同数，线形、匙形或鳞片状，花柱 2 根。果为蒴果，常室间及室背裂开为 4 片。本科有 27 属，80～120 种。实习基地有檵木 *Loropetalum chinense*、蜡瓣花 *Corylopsis sinensis* 等。

④**虎皮楠科 Daphniphyllaceae**：乔木或灌木，无毛。小枝具叶痕和皮孔。单叶互生，常聚集于小枝顶端，全缘，无托叶。花序总状，花单性异株，花萼宿存或脱落，无花瓣。核果卵形或椭圆形，具 1 颗种子。本科有 1 属，28～30 种。实习基地有交让木 *Daphniphyllum macropodum*。

⑤**虎耳草科 Saxifragaceae**：通常为多年生草本，稀一年生。叶通常互生，稀对生。萼片 5 枚，稀 4 或 6～7 枚；花瓣与萼片同数，稀退化减数为 3～1 枚或不存在；雄蕊外轮对瓣或单轮，4～14 枚；心皮 2 枚，稀 3～5 枚，多少合生，稀离生；子房上位、半下位至下位，1～5 室，胚珠具厚珠心，通常具 2 层珠被；花柱通常离生。蒴果，稀小蓇葖果。本科有 40 属，500～540 种。实习基地有 5 属 6 种，如虎耳草 *Saxifraga stolonifera*。

⑥**景天科 Crassulaceae**：草本、半灌木或灌木。常有肥厚、肉质的茎、叶。叶不具托叶，常为单叶。常为聚伞花序，或为伞房状、穗状、总状或圆锥状花序，有时单生。花常两性，辐射对称，花各部常为 5 数或其倍数。蓇葖有膜质或革质的皮，稀为蒴果。种子小，长椭圆形。本科有 38 属，1400 余种。实习基地有紫花八

宝 *Hylotelephium mingjinianum*、珠芽景天 *Sedum bulbiferum*、晚红瓦松 *Orostachys japonica* 等。

图4-29 被子植物代表物种（10）
A.芍药科芍药；B.蕈树科枫香树；C.金缕梅科檵木；D.虎皮楠科交让木；
E.虎耳草科虎耳草；F.景天科晚红景天

（二十一）葡萄目 Vitales

多为具卷须藤本（图4-30）。单叶、羽状或掌状复叶，互生，具腺齿。花小，4～5基数，排列成伞房状多歧聚伞花序、复二歧聚伞花序或圆锥状多歧聚伞花序，雄蕊着生于花冠，每心皮中2枚胚珠。果实为浆果。本目仅有葡萄科Vitaceae，共18属，约950种。实习基地有7属22种，如葛藟葡萄 *Vitis flexuosa*、牯岭蛇葡萄 *Ampelopsis glandulosa* var. *kulingensis*、白蔹 *Ampelopsis japonica*、乌蔹莓 *Causonis japonica* 等。

葡萄目物种

（二十二）豆目 Fabales

木本或草本（图4-30）。常具根瘤。单叶或复叶。花两性，5基数，常具蝶形花冠，雄蕊多为10枚。果实为单个荚果。本目包含皂皮树科 Quillajaceae、豆科 Fabaceae、海人树科 Surianaceae 和远志科 Polygalaceae4科，实习基地有豆科和远志科。

豆目物种

①**豆科 Fabaceae**：乔木、灌木、草本或藤本；常有能固氮的根瘤；叶常互生，稀对生，一回至多回羽状复叶、掌状复叶或3小叶、单小叶，稀为单叶；花两性，稀单性，辐射对称或两侧对称；萼片常5枚，分离或连合成管；花瓣常5枚，全相等，或不等，构成蝶形花冠或假蝶形花冠；雄蕊1枚至多数，常10枚，常合生成单体或二体雄蕊，稀离生；心皮1枚，子房上位，边缘胎座；胚珠1至多枚；果为荚果，形态多样。本科有813属，19325～19560种，是被子植物中第三大科。实习基地有48属92种，如野大豆 *Glycine soja*、尖叶长柄山蚂蝗 *Hylodesmum podocarpum* subsp. *oxyphyllum*、葛 *Pueraria montana* var. *lobata*、山槐 *Albizia kalkora* 等。

②**远志科 Polygalaceae**：一年生或多年生草本，或灌木或乔木。叶片纸质或革质，全缘，具羽状脉，通常无托叶。花两性，两侧对称，排成总状花序、圆锥花序或穗状花序，花萼下位，萼片花瓣5枚，稀全部发育，通常仅3枚。常为蒴果，2室。本科有32属，约950种。实习基地常见有1属3种，如狭叶香港远志 *Polygala hongkongensis* var. *stenophylla*。

图4-30　被子植物代表物种（11）

A.葡萄科葛藟葡萄；B.豆科尖叶长柄山蚂蝗；C.远志科狭叶香港远志

（二十三）蔷薇目 Rosales

木本或草本（图4-31）。叶多为单叶，常具托叶。花序类型多样，每心皮中1枚胚珠，柱头干燥。果实类型多样。本目包含蔷薇科 Rosaceae、鼠李科 Rhamnaceae、桑科 Moraceae等9个科，实习基地常见有6科。

蔷薇目物种

①**蔷薇科 Rosaceae**：草本、灌木或乔木，落叶或常绿；叶互生，稀对生，单叶或复叶，常有明显托叶；花通常辐射对称，周位花或上位花，具被丝托（或称萼筒），在被丝托边缘着生萼片、花瓣和雄蕊；萼片和花瓣同数，4～5枚，覆瓦状排列，雄蕊4枚至多数；心皮1枚至多数，离生或有时合生，有时与花托连合，子房具倒生胚珠，花柱与心皮同数；蓇葖果、瘦果、梨果或核果，稀为蒴果；种子无胚乳，

子叶肉质。本科有100属,2000~3000种。实习基地有23属92种,如掌叶覆盆子 Rubus chingii、石斑木 Raphiolepis indica、硕苞蔷薇 Rosa bracteata 等。

②**鼠李科** Rhamnaceae:乔木或灌木,直立或攀缘状,稀草本,常有枝刺或托叶刺;单叶,互生、对生或近对生,具羽状脉或基出3~5脉;聚伞花序、穗状花序、伞形花序、总状花序或圆锥花序;花两性或单性,稀杂性,辐射对称;萼4~5裂;花瓣4~5枚或缺;雄蕊4~5枚,与花瓣对生;花盘肉质;子房上位、半下位至下位,2~4室;核果(有时浆果状或蒴果状)或蒴果,有时果顶端具纵向或平展的翅。本目有68属,约925种。实习基地有9属18种,如雀梅藤 Sageretia thea。

③**榆科** Ulmaceae:乔木或灌木;单叶,常互生,基部偏斜或对称,羽状脉;托叶早落;单被花,两性或单性,雌雄异株或同株,花被裂片4~8枚;雄蕊常与花被裂片同数而对生;子房上位,通常1室,胚珠1枚,倒生;果常为翅果,稀为核果或带翅的坚果。本科有7属,约60种。实习基地有2属5种,如榔榆 Ulmus parvifolia。

④**大麻科** Cannabaceae:乔木或灌木,稀为草本或草质藤本;单叶,互生或对生,基部偏斜或对称,羽状脉、基出3脉或掌状分裂;托叶早落,有时形成托叶环;单被花,两性或单性,雌雄同株或异株;花被裂片4~8;雄蕊常与花被裂片同数而对生;子房上位,通常1室,胚珠1枚,倒生,花柱2根,柱头丝状;果常为核果,稀为瘦果或带翅的坚果。本科有10属,近140种。实习基地有4属8种,如葎草 Humulus scandens、山油麻 Trema cannabina var. dielsiana 等。

⑤**桑科** Moraceae:乔木、灌木或藤本,稀为草本,植株具乳汁,有刺或无刺;单叶,极稀为羽状复叶,互生,稀对生,全缘或具锯齿,分裂或不分裂;托叶2,通常早落,有时形成托叶痕;花序腋生,总状、圆锥状、头状或穗状,花序托有时增厚封闭而成隐头花序;单被花,单性,雌雄同株或异株;花被片通常4枚,分离或合生;雄蕊通常与花被片同数且对生;子房1,稀2室,上位、下位或半下位,每室胚珠1枚;瘦果,或围以肉质宿存花被而呈核果状,集成聚花果。本科有52属,1100~1200种。实习基地有5属17种,如天仙果 Ficus erecta、楮 Broussonetia kazinoki 等。

⑥**荨麻科** Urticaceae:草本、亚灌木或灌木,稀乔木或攀缘藤本,有时有蜇毛,植株具钟乳体;单叶,互生或对生;花极小,单性,稀两性,雌雄同株或异株,聚伞状、圆锥状、总状、伞房状、穗状、串珠式穗状或头状;雄花花被片4~5枚,雄蕊与花被片同数;雌花花被片5~9枚,稀2枚或缺,花后常增大,宿存,退化雄蕊鳞片状;瘦果,有时为肉质核果状,常包被于宿存的花被内。本科有57属,1300余种。实习基地有9属27种,如苎麻 Boehmeria nivea、赤车 Pellionia radicans 等。

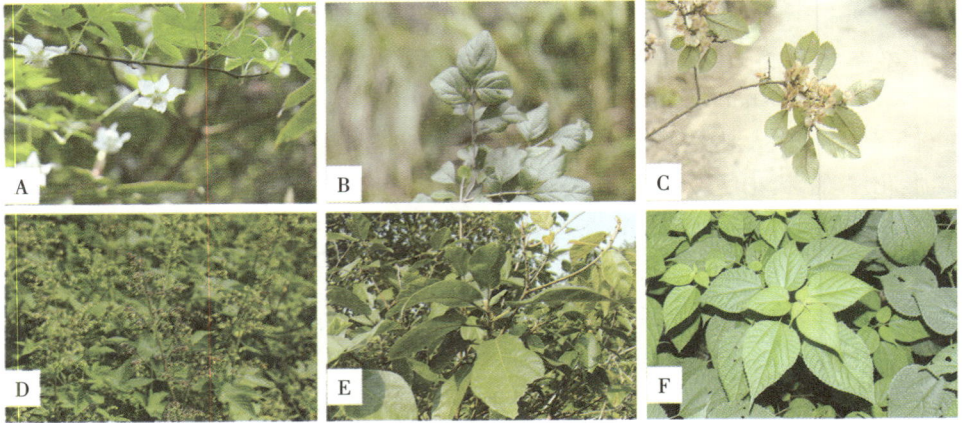

图4-31　被子植物代表物种（12）

A.蔷薇科掌叶覆盆子；B.鼠李科雀梅藤；C.榆科榔榆；D.大麻科葎草；

E.桑科天仙果；F.荨麻科苎麻

(二十四)壳斗目 Fagales

木本(图4-32)。叶多不裂。穗状花序或柔荑花序、花小、风媒传粉,故花被片退化或缺失。果实含1枚种子,多为坚果。本目包含壳斗科 Fagaceae、桦木科 Betulaceae、胡桃科 Juglandaceae 等7个科,实习基地有3科。

壳斗目物种

①**壳斗科** Fagaceae:常绿或落叶乔木,稀灌木。单叶,全缘或齿裂,托叶早落。花单性同株,稀异株,花被基部合生,雄花有雄蕊4～12枚,雌花聚生于一壳斗内。由总苞发育而成的壳斗脆壳质,包着坚果底部至全包坚果。本科有10属,900～1000种。实习基地有5属23种,如青冈 *Quercus glauca*、枹栎 *Quercus serrata*、苦槠 *Castanopsis sclerophylla* 等。

②**杨梅科** Myricaceae:常绿或落叶乔木或灌木。单叶互生,羽状脉。雌雄异株或同株;花通常单性,风媒,无花被,无梗,生于穗状花序上;雄花序常着生于去年生枝条的叶腋内或新枝基部;雌雄同序者则穗状花序的下端为雄花,上端为雌花;雌花序与雄花序相似,有时较雄花序为短。核果小坚果状。本科有4属,50余种,实习基地有杨梅 *Morella rubra*。

③**胡桃科** Juglandaceae:落叶或半常绿乔木或小乔木,被有橙黄色盾状着生的圆形腺体。芽裸出或具芽鳞。羽状复叶,小叶对生或互生。花单性,雌雄同

株,风媒,雄花序常荑黄花序,雌花序穗状,果实由小苞片及花被片或仅由花被片、或由总苞以及子房共同发育成核果状的假核果或坚果状。种子大形,完全填满果室。本科有10属,约60种。实习基地有5属6种,如枫杨 *Pterocarya stenoptera*、化香树 *Platycarya strobilacea* 等。

（二十五）葫芦目 Cucurbitales

木本或草本。叶多为互生,常具托叶。花多为单性,子房多为下位侧膜胎座。本目包含葫芦科 Cucurbitaceae、秋海棠科 Begoniaceae、马桑科 Coriariaceae 等8个科,实习基地常见葫芦科和秋海棠科。

葫芦目物种

① 葫芦科 Cucurbitaceae：一年生或多年生草质或木质藤本,极稀为灌木或乔木状。茎通常具纵沟纹,具卷须或极稀无卷须,卷须侧生叶柄基部。叶互生,无托叶,具叶柄。花单性(罕两性),雌雄同株或异株。雄花:花萼辐状、钟状或管状,5裂,雄蕊5或3枚,花丝分离或合生成柱状。雌花:花萼与花冠同雄花,通常由3心皮合生而成,侧膜胎座。果常为肉质浆果状或果皮木质。本科有101属,940～980种。实习基地有7属12种,如南赤瓟 *Thladiantha nudiflora*、绞股蓝 *Gynostemma pentaphyllum* 等。

② 秋海棠科 Begoniaceae：多年生肉质草本,稀为亚灌木。茎直立,匍匐状,稀攀援状,或仅具根状茎、球茎或块茎。叶互生,托叶早落。花单性,雌雄同株,偶异株,通常组成聚伞花序,花被片花瓣状。蒴果,有时呈浆果状。本科有2属,1400余种。实习基地常见有中华秋海棠 *Begonia grandis* subsp. *sinensis*。

（二十六）卫矛目 Celastrales

木本。叶常单生。聚伞花序,花小,雌蕊常三基数,蜜腺着生于雄蕊内的花盘。多为蒴果。种子常具假种皮(橘红色)。本目包含鳞球穗科 Lepidobotryaceae 和卫矛科 Celastraceae 2个科。实习基地仅有卫矛科,共有4属21种,如白杜 *Euonymus maackii*、扶芳藤 *Euonymus fortunei* 等。

卫矛目物种

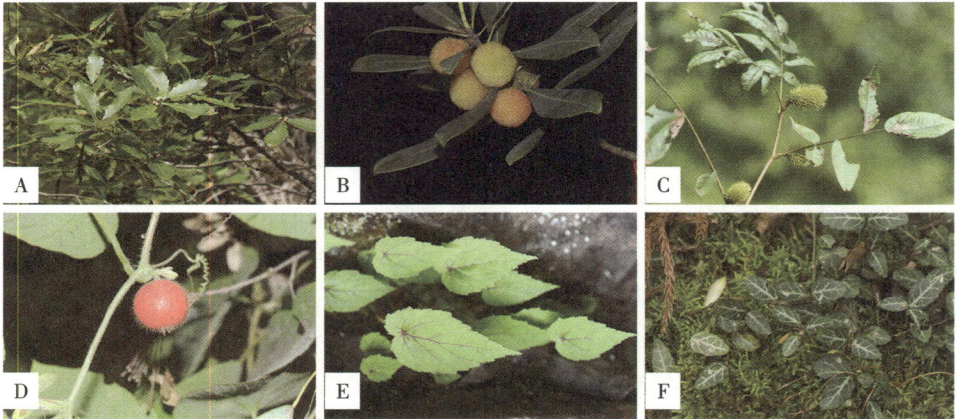

图 4-32　被子植物代表物种（13）

A.壳斗科枹栎；B.杨梅科杨梅；C.胡桃科化香树；D.葫芦科南赤瓟；

E.秋海棠科中华秋海棠；F.卫矛科扶芳藤

（二十七）金虎尾目 Malpighiales

木本或草本(图4-33)。单叶,有时复叶,叶缘具齿或无。花部雌蕊群常为3心皮。常蒴果。本目包含金虎尾科 Malphigiaceae、大戟科 Euphorbiaceae、杨柳科 Salicaceae 等36个科,实习基地常见有5科。

金虎尾目物种

①**大戟科 Euphorbiaceae**:乔木、灌木或草本。常有乳状汁液。叶常互生,基部或顶端有时具有1~2枚腺体,托叶2,脱落后具环状托叶痕。花单性,雌雄同株或异株,通常为聚伞或总状花序,花瓣有或无,花盘环状或分裂成为腺体状,稀无花盘;雄蕊1枚至多数,子房上位,常3室。果为蒴果。种子常有显著种阜。本科有230属,5600~6400种。实习基地常见有8属24种,如斑地锦 *Euphorbia maculata*、白背叶 *Mallotus apelta*、石岩枫 *Mallotus repandus* 等。

②**叶下珠科 Phyllanthaceae**:木本或草本。单叶互生,全缘,稀三出复叶。雌雄异株;花无或具花瓣;有退化雌蕊;雌花具退化雄蕊,雌花萼片、花边常与雄花同数。子房2~5室,每室胚珠2枚,花柱3根,常2裂。果实为蒴果、核果或浆果状,爿裂或不开裂。种子大,具种阜。本科有68属,2100余种。实习基地有4属9种,如叶下珠 *Phyllanthus urinaria*、算盘子 *Glochidion puberum* 等。

③**杨柳科 Salicaceae**:落叶乔木或直立、垫状和匍匐灌木。树皮光滑或开裂粗糙。单叶互生,稀对生,不分裂或浅裂。花小均具苞片;花常为单性,有时为两

性,常雌雄异株;总状花序或穗状花序,常为柔荑花序;花瓣有或缺,或退化为腺体或不分泌花蜜的花盘;雄蕊1~70。雌蕊由2~5心皮合成,子房1室,侧膜胎座,胚珠多数。多为蒴果,2~5瓣裂,种子有时有种毛。花粉粒3孔沟(或拟孔沟)或无萌发孔,穿孔状、网状、光滑纹饰。本科有50属,1350余种。实习基地有5属13种,如银叶柳 *Salix chienii*、山桐子 *Idesia polycarpa*。

④**堇菜科** Violaceae:草本至灌木或乔木。单叶互生,具羽状和掌状脉;具托叶。花两性,辐射或两侧对称;萼片5;花瓣5,异形,覆瓦状至旋转排列,有时在近轴面有距;雄蕊常5,远轴端的2个花药或所有花药背部具有腺状或距状蜜腺,向内散发花粉;心皮常3,合生,子房上位,侧膜胎座;花柱1,末端增大或变态。常室背开裂的蒴果;种子有假种皮。本科有28属,1000~1100种。实习基地有1属14种,如紫花地丁 *Viola philippica*、如意草 *Viola arcuata*。

⑤**金丝桃科** Hypericaceae:草本、灌木或乔木;植株具腺体或管,常具黏液毛。叶对生、稀轮生或互生,全缘,无托叶。花序顶生,聚伞状,稀腋生为单花;花对称,完全花;萼片离生,常4~5;花瓣4~5,离生;雄蕊多数,离生或不同方式的成束或合生,药隔时常具腺体;子房上位,3~5室,中轴胎座至侧膜胎座;花柱离生,基部多少合生,或花柱单一,柱头膨大,黏滑。浆果或蒴果,极少为核果。种子细小。本科有10属,约540种。实习基地有1属6种,如地耳草 *Hypericum japonicum*。

图4-33 被子植物代表物种(14)
A.大戟科斑地锦;B.大戟科白背叶;C.叶下珠科算盘子;D.杨柳科银叶柳;
E.堇菜科紫花地丁;F.金丝桃科地耳草

（二十八）桃金娘目 Myrtales

乔木、灌木、草本（图 4-34）。叶对生，具黏液毛（叶柄基部近轴面的腺毛）。花部萼片镊合状排列，宿存，花芽中雄蕊内弯，子房下位。蒴果、稀浆果或核果。本目包含桃金娘科 Myrtaceae、野牡丹科 Melastomataceae、千屈菜科 Lythraceae 等 9 个科，实习基地常见有 3 科。

桃金娘目物种

① **千屈菜科 Lythraceae**：草本、灌木或乔木。叶对生，稀轮生或互生，全缘，叶片下面有时具黑色腺点。穗状花序、总状花序或圆锥花序；花两性，常辐射对称，稀左右对称；花萼筒状或钟状；花瓣与萼裂片同数或无花瓣，花瓣如存在，则着生萼筒边缘，在花芽时呈皱褶状；雄蕊常为花瓣的倍数，位于花瓣的下方；花柱单生，长短不一，柱头头状，稀 2 裂。蒴果革质或膜质；种子多数，形状不一。本科有 29 属，约 600 种。实习基地常见 6 属 9 种，如耳基水苋菜 *Ammannia auriculata*、细果野菱 *Trapa incisa* 等。

② **柳叶菜科 Onagraceae**：一年生或多年生草本，有时为半灌木或灌木，稀为小乔木。花两性，稀单性，单生于叶腋或排成顶生的穗状、总状或圆锥花序；花常 4 数，稀 2 或 5 数；萼片 2～5；花瓣 0～5；雄蕊 2～4，或 8 或 10；花药丁字形着生，稀基部着生；子房下位，1～5 室，每室有少数或多数胚珠，中轴胎座；花柱 1，柱头头状、棍棒状或具裂片。蒴果。本科有 22 属，650～680 种。实习基地有 3 属 7 种，如草龙 *Ludwigia hyssopifolia*。

③ **桃金娘科 Myrtaceae**：乔木或灌木，常具有薄片状剥落的树皮。叶全缘，有散生透明斑点；托叶微小或无。有限花序有时退化为单花，或呈无限花序；花常两性，辐射对称；萼片 4 或 5；花瓣 4 或 5，有时缺失；雄蕊多数，分离或基部合生成 4 或 5 束；心皮常 2～5，合生，子房常下位或近半下位，柱头常头状；胚珠在每室 2 至多数，倒生至弯生。浆果或蒴果，稀坚果。本科有 136 属，5500～5900 种。实习基地仅见赤楠 *Syzygium buxifolium*。

图 4-34 被子植物代表物种（15）
A.千屈菜科耳基水苋菜；B.柳叶菜科草龙；C.桃金娘科赤楠

（二十九）无患子目 Sapindales

多为木本（图4-35）。叶互生，奇数羽状复叶。花常
不完全，花盘生于雄蕊内。本目有无患子科 Sapindaceae、
芸香科 Rutaceae、漆树科 Anacardiaceae 等9个科，实习基
地有5科。

无患子目物种

①**漆树科 Anacardiaceae**：落叶灌木或乔木，罕有木本攀援植物；韧皮部溢出
的白色乳汁与空气接触会变黑。奇数羽状复叶，3小叶或单叶。杂性或雌雄异
株；圆锥花序或总状花序腋生，结果后下垂；花单性或两性，5瓣；子房1室1胚
珠，花柱3，常基部合生。核果近球形。本科有85属，600~800种。实习基地有5
属8种，如毛黄栌 *Cotinus coggygria* var. *pubescens*、南酸枣 *Choerospondias axil-
laris*。

②**无患子科 Sapindaceae**：乔木或灌木，稀藤本。复叶，3小叶，稀单叶轮生
或对生；基部小叶常呈假托叶状，木本种类中多数末端小叶退化。聚伞圆锥花序
顶生或腋生，或茎花；花常5基数、稀4基数，辐射对称或两侧对称；单性、稀杂性
或两性；花瓣常白色或淡黄色，有附属物；雄蕊（3~）5~8（~30）；雌花具不育雄
蕊，心皮（1~）3（~8），稀7或8。果实为室背开裂或室轴开裂蒴果，翅状分果，无
翼的双悬果，浆果或少有核果；每室具种子1（或2至更多），常具显著的肉质假种
皮。本科有143属，1700~1900种。实习基地有4属18种，如三角槭 *Acer buer-
gerianum*、无患子 *Sapindus saponaria*。

③**芸香科 Rutaceae**：乔木或灌木，稀草本。有时具枝刺，无托叶。叶互生或
对生，稀轮生；单叶或复叶；小叶具透明油腺点。有限花序，少数为单花，花两性
或单性；萼片4或5；花瓣4或5，稀2~3；雄蕊常8~10枚；心皮常4或5至多数，常
合生，子房上位，每室胚珠1至多数；具蜜腺盘。果实为核果、蒴果、翅果、簇状蓇
葖果或浆果。本科有149属，约2100种。实习基地有5属16种，如枳 *Citrus tri-
foliata*、楝叶吴萸 *Tetradium glabrifolium*。

④**苦木科 Simaroubaceae**：乔木或灌木，树皮常有苦味。叶互生，羽状复叶或
单叶，极少3小叶。花序腋生或顶生，成总状、圆锥状或聚伞花序，或簇生于叶
腋；花辐射对称，单性或杂性；萼片3~5；花瓣4~5（8），分离；花盘环状或杯状；雄
蕊4~10（18），花丝分离，在基部有1鳞片；子房常2~5心皮，分离或基部合生，每
室1胚珠，花柱2~5，分离或多少结合，柱头头状。果为翅果、核果或蒴果，一般
不开裂。本科有23属，约109种。实习基地有2属2种，如臭椿 *Ailanthus altissima*。

⑤**楝科 Meliaceae**：乔木或灌木。叶常互生，常羽状复叶。花两性或杂性异株，辐射对称，常组成圆锥花序；常5基数；萼小，4～5齿裂；花瓣常4～5；雄蕊4～10，花丝合生成1短于花瓣的管，或分离，花药无柄，内向，着生于管的内面或顶部；花盘生于雄蕊管的内面或缺；子房上位，常2～5室，每室有胚珠1～2颗或更多，柱头顶部有槽纹或有小齿2～4个。果为蒴果、浆果或核果。本科有60属，575～650种。实习基地有2属3种，如楝 *Melia azedarach*。

（三十）**锦葵目 Malvales**

乔木、灌木或肉质草本（图4-35）。植株常具星状毛。花部萼片常镊合状排列，花瓣旋转状排列，雄蕊常多数。本目包含锦葵科 Malvaceae、瑞香科 Thymelaeaceae、龙脑香科 Dipterocarpaceae 等10个科，实习基地常见锦葵科，有11属16种，如小花扁担杆 *Grewia biloba* var. *parviflora*、马松子 *Melochia corchorifolia*。

锦葵目物种

图4-35　被子植物代表物种（16）
A.漆树科毛黄栌；B.无患子科三角槭；C.芸香科枳；D.苦木科臭椿；
E.楝科楝；F.锦葵科小花扁担杆

（三十一）**十字花目 Brassicales**

多为草本，稀木本（图4-36）。叶互生。总状花序，花常四基数，花瓣常具爪，雄蕊常多数，或为花萼数目2倍。蒴果、角果或浆果。本目包含十字花科 Brassiceae、山柑科

十字花目物种

Capparaceae、白花菜科 Cleomaceae 等 18 个科,实习基地常见十字花科,共 10 属 18 种,如碎米荠 *Cardamine occulta*、广州蔊菜 *Rorippa cantoniensis* 等。

(三十二)石竹目 Caryophyllales

多为草本(图 4-36)。花两性,稀单性,辐射对称,雄蕊定数,心皮常一室,具特立中央胎座。本目包含石竹科 Caryophyllaceae、仙人掌科 Cactaceae、苋科 Amaranthaceae 等 38 个科,实习基地有 5 科。

石竹目物种

①蓼科 Polygonaceae:草本稀灌木或小乔木。茎具膨大的节,具沟槽或条棱。单叶,互生,全缘;具膜质托叶鞘。花序顶生或腋生;花两性,辐射对称;花梗具关节;花被 3~5 深裂,覆瓦状或花被片 6,成 2 轮;雄蕊 6~9,花药背着,2 室,纵裂;花盘环状,腺状;子房上位,1 室,心皮 3,合生,花柱 2~3,离生或下部合生,柱头头状、盾状或画笔状,胚珠 1,直生。瘦果卵形或椭圆形。本科有 46 属,1100~1200 种。实习基地有 7 属 33 种,如杠板归 *Persicaria perfoliata*、何首乌 *Pleuropterus multiflorus*、刺蓼 *Persicaria senticosa* 等。

②石竹科 Caryophyllaceae:草本,稀亚灌木。茎节常膨大。叶对生,全缘;托叶膜质或无。花两性,单生或排成聚伞花序;萼片(4)5;花瓣(4)5,稀无;雄蕊(2)5~10;子房上位,1 室,稀 2~5 室,胚珠 1 至多数;花柱(1)2~5。果为蒴果,稀为浆果。种子 1 至多枚,肾形、卵形。本科有 104 属,2000~2200 种。实习基地有 7 属 15 种,如瞿麦 *Dianthus superbus*、鹅肠菜 *Stellaria aquatica*。

③苋科 Amaranthaceae:肉质、平卧或斜生草本。叶互生或对生,扁平或圆柱形,上部的常聚生成总苞状;花单生或簇生;萼片 2,基部合生成 1 管,且与子房合生;花瓣 4~6;雄蕊 5 或更多;子房半下位或下位,1 室,有胚珠极多数;花柱 3~8;蒴果盖裂;种子细小,肾形。本科有 188 属,2300~2500 种。实习基地有 7 属 16 种,如土牛膝 *Achyranthes aspera*、小藜 *Chenopodium ficifolium*。

④粟米草科 Molluginaceae:草本或亚灌木。单叶互生,很少对生,基生叶莲座丛或在茎上假螺旋,叶边缘全缘。花序顶生或近腋生的聚伞花序;花小,两性,很少单性,辐射下位。花被片(4~)5,离生;花瓣无或 5 至多数;雄蕊 3~5 或多数,排列成几列;子房上位,心皮合生,心皮 2~5 至多数,中轴胎座。蒴果,室背开裂,极少为坚果。本科有 11 属,85~95 种。实习基地有 2 属 2 种,如粟米草 *Trigastrotheca stricta*。

⑤马齿苋科 Portulacaceae:肉质、平卧或斜生草本。叶互生或对生,扁平或

圆柱形,上部的常聚生成总苞状;花单生或簇生;萼片2,基部合生成1管,且与子房合生;花瓣4~6;雄蕊5或更多;子房半下位或下位,1室,有胚珠极多数;花柱3~8;蒴果盖裂;种子细小,肾形。本科有1属116种。实习基地常见马齿苋 *Portulaca oleracea*。

图 4-36 被子植物代表物种(17)
A.十字花科碎米荠;B.蓼科杠板归;C.石竹科瞿麦;D.苋科土牛膝;
E.粟米草科粟米草;F.马齿苋科马齿苋

(三十三)山茱萸目 Cornales

多为木本(图 4-37)。叶多不分裂,叶齿具排水器。花常四基数,花萼远小于花冠,宿存花盘生于雄蕊内,子房下位。果实核果状。本科包含山茱萸科 Cornaceae、绣球科 Hydrangeaceae、蓝果树科 Nyssaceae 等7个科。实习基地常见3科。

山茱萸目物种

①**蓝果树科 Nyssaceae**:落叶乔木,稀灌木。单叶互生,有叶柄,无托叶,卵形、椭圆形或矩圆状椭圆形,全缘或边缘锯齿状。花序头状、总状或伞形;花单性或杂性,异株或同株,常无花梗或有短花梗。雄花:花萼小,裂片齿牙状或短裂片状或不发育;花瓣5稀更多,覆瓦状排列;雄蕊常为花瓣的2倍或较少,常排列成2轮,花丝线形或钻形,花药内向,椭圆形;花盘肉质,垫状,无毛。雌花:花萼的管状部分常与子房合生,上部裂成齿状的裂片5;花瓣小,5或10,排列成覆瓦状;花盘垫状,无毛,有时不发育;子房下位,1室或6~10室,每室有1枚下垂的倒生胚珠,花柱钻形,上部微弯曲,有时分枝。果实为核果或翅果,顶端有宿存的花萼

和花盘,1室或3～5室,每室有下垂种子1颗,外种皮很薄,纸质或膜质;胚乳肉质,子叶较厚或较薄,近叶状,胚根圆筒状。本科有5属,约31种。实习基地有蓝果树 *Nyssa sinensis*、喜树 *Camptotheca acuminata*。

②**山茱萸科** Cornaceae:乔木或灌木,毛常钙化,呈 Y 形或 T 形着生。叶对生,稀互生和螺旋状排列,单叶,常全缘,但是有时有锯齿,羽状脉至掌状脉,二级脉序常平滑弧形伸向叶缘或形成一系列的环;无托叶。花两性或单性(雌雄同株或异株),辐射对称。萼片4或5,离生或合生,常具小齿,有时缺;花瓣4或5,离生,覆瓦状或镊合状排列;雄蕊4～10,花丝离生;心皮2或3,合生,有时看似单心皮,子房下位,中轴胎座,胚珠1,着生于顶端;蜜腺盘位于子房顶部。果实核果状。本科有10属,约80种。实习基地有2属10种,如八角枫 *Alangium chinense*、秀丽四照花 *Cornus hongkongensis* subsp. *elegans*。

③**绣球花科** Hydrangeaceae:灌木、草本或攀缘状藤本,稀小乔木。单叶,常对生;无托叶;叶片常具锯齿,稀全缘,羽状脉或基出脉3～5。伞房状、总状花序或圆锥状复聚伞花序,稀单花;花两性或花序周边有不孕花,不孕花具1～5枚大型扁平萼片,孕性花细小,花萼筒与子房合生;花被片4或5基数;雄蕊8至多数,花丝分离或基部连合,花药2室,纵裂;心皮2～5,合生,花柱离生,子房半下位或下位,具中轴胎座或侧膜胎座,每室具多数倒生胚珠。蒴果,室背开裂或室间开裂。种子小,多数,常具翅。本科有22属,190～220种。实习基地有5属,17种,如中国绣球 *Hydrangea chinensis*。

图4-37 被子植物代表物种(18)
A.蓝果树科蓝果树; B.八角枫科八角枫; C.绣球花科中国绣球

(三十四)杜鹃花目 Ericales

木本或草本(图4-38)。叶具山茶型齿,齿端有帽状或腺状体,节为单叶隙。花5基数,为5轮列。常为蒴果,稀浆果或核果。本目包含杜鹃花科 Ericaceae、报春花科 Primulaceae、山榄科 Sapotaceae 等22个科,实习基地常见有9科。

杜鹃花目物种

①**凤仙花科** Balsaminaceae:草本,多汁。单叶常互生。花两性,雄蕊先熟;萼片3,下面1枚萼片(亦称唇瓣)花瓣状,常呈舟状、漏斗状或囊状,基部常具距;花瓣5枚,分离,位于背面的1枚花瓣(即旗瓣)离生,下面的侧生花瓣成对合生成2裂的翼瓣;雄蕊5枚;子房上位,4或5室。假浆果或蒴果。本科有2属,900~1000种。实习基地有1属3种,如牯岭凤仙花 *Impatiens davidii*。

②**五列木科** Pentaphylacaceae:常绿灌木或乔木。叶革质,互生,羽状脉。花两性、单性、杂性或单性和两性异株,具明显花梗;花瓣5;雄蕊多数,稀仅5枚,排成1~5轮,花药基部着生;子房上位或半下位。浆果,稀蒴果。本科有12属,约340种。实习基地有3属5种,如窄基红褐柃 *Eurya rubiginosa* var. *attenuata*、厚皮香 *Ternstroemia gymnanthera*。

③**柿树科** Ebenaceae:乔木或灌木。植物组织中都含有黑色萘醌,有时含生氰化合物。叶互生,常2列,单叶,全缘,羽状脉,下表面含有蜜腺;无托叶。有限花序,常退化为单花,腋生;花常为单性花(雌雄异株),辐射对称;萼片3~7,合生,常宿存且随着果实的发育而不同程度地增大;花瓣3~7,合生,呈壶状,有覆瓦状或镊合状裂片,常卷旋。雄蕊(3~)6至多数,花丝常贴生于花冠,花药偶从顶端开裂;心皮3~8,合生,胚珠每室1或2。浆果。本科有4属,500~600种。实习基地有1属7种,如野柿 *Diospyros kaki* var. *silvestris*。

④**报春花科** Primulaceae:草本、灌木、乔木或藤本。单叶互生、螺旋状排列、对生或轮生,基部常形成莲座状,全缘有锯齿,具羽状脉。花常两性,常辐射对称。花萼4或5;花瓣4或5,合生,覆瓦状或旋转状排列;雄蕊4或5;与花冠裂片对生;子房上位,特立中央胎座,胚珠倒生至弯生。蒴果,瓣裂或周裂;或浆果,种子嵌入肉质胎座轴中;或核果,种子1至数粒。本科有72属,2360~2590种。实习基地有5属20种,如紫金牛 *Ardisia japonica*、临时救 *Lysimachia congestiflora*。

⑤**山茶科** Theaceae:灌木或乔木,常绿,稀落叶。单叶互生,常革质,羽状脉,无托叶。花两性,辐射对称;萼片5;花瓣5~12枚;雄蕊多数,排成2~6轮,花药多背部着生,稀基部着生;子房上位,3~5室。室背开裂的蒴果,稀为核果。本科有9属,250~460种。实习基地有3属11种,如毛柄连蕊茶 *Camellia fraterna*、木荷 *Schima superba*。

⑥**山矾科** Symplocaceae:灌木或乔木。冬芽数个,上下叠生。单叶互生;无托叶。花辐射对称,多为两性,常簇生叶腋或组成花序;花萼3~5裂,深裂或浅裂,常宿存;花冠分裂至基部或中部,5裂;雄蕊常多数,排成数轮,分离或合成数束,着生于花冠筒上,花药近球形,2室,纵裂;子房下位或半下位,顶端常具花盘

或腺点,2~5室,每室胚珠2~4枚,下垂;花柱1,细长,柱头小。核果,顶端冠以宿存的萼裂片,每室具种子1。本科有2属,300~400种。实习基地有1属8种,如老鼠屎 Symplocos stellaris、山矾 Symplocos sumuntia。

⑦**安息香科** Styracaceae:木本。单叶互生,无托叶。总状或圆锥花序;花冠常合瓣;雄蕊为花冠裂片2倍,花丝常合生,贴生于花冠管;心皮3~5室,每室胚珠1至多枚,中轴胎座,珠被1或2层。核果或蒴果,花萼宿存。种子具宽大种脐。本科有13属,160~180种。实习基地有4属7种,如白花龙 Styrax faberi、赤杨叶 Alniphyllum fortunei。

⑧**猕猴桃科** Actinidiaceae:乔木、灌木或木质藤本。单叶,互生,无托叶,常被毛。花两性或单性或雌雄异株,常为聚伞花序或圆锥花序;5基数,花萼和花瓣明显分离,萼片5;花瓣5;雄蕊多数或10;子房上位,心皮3~5或多数,中轴胎座,倒生胚珠,单层珠被,每室10或更多胚珠,花柱与心皮等数,分离,或合生。浆果或蒴果。种子无假种皮。本科有3属,约360种。实习基地有1属8种,如中华猕猴桃 Actinidia chinensis、异色猕猴桃 Actinidia callosa var. discolor。

图4-38 被子植物代表物种(19)

A.凤仙花科牯岭凤仙花;B.五列木科窄基红褐枰;C.柿树科野柿;D.报春花科紫金牛;

E.山茶科毛柄连蕊茶;F.山矾科老鼠屎;G.安息香科白花龙;

H.猕猴桃科中华猕猴桃;I.杜鹃花科南烛

⑨**杜鹃花科 Ericaceae**：灌木或乔木。具增粗块茎，根多为纺锤状。叶羽状脉至边缘内网结。花序着生叶腋或老枝上；花梗具关节，先端有时膨大为浅杯状；花5基数；花萼筒具棱或翅，萼檐浅或深裂；花冠伸长圆筒、狭漏斗或钟形；花药背具长或短的距，或无距；花盘环状；子房常假10室。浆果。本科有125属，约4100种，实习基地有7属18种，如云锦杜鹃 *Rhododendron fortunei*、南烛 *Vaccinium bracteatum*、黄背越橘 *Vaccinium iteophyllum*。

高山杜鹃生活史

（三十五）龙胆目 Gentianales

草本或木本（图4-39）。叶对生或轮生，具黏液毛。具花冠，中轴胎座或侧膜胎座。蒴果核果或浆果。本目包含茜草科 Rubiaceae、龙胆科 Gentianaceae、马钱科 Loganiaceae、钩吻科 Gelsemiaceae、夹竹桃科 Apocynaceae 5科，实习基地有4科。

龙胆目物种

①**茜草科 Rubiaceae**：乔木、灌木、藤本或草本。单叶，常对生，有时假轮生或三出叶；托叶明显，宿存或早落。花单生或为各式花序；小苞片有时呈花瓣状；花二型或单型，4～5基数，两性、单性或杂性；萼裂片有时变态成叶状或花瓣状；花冠管状、漏斗状、高脚碟状、钟状、坛状或辐状，裂片芽时镊合状、覆瓦状或旋转状排列；雄蕊着生在花冠管上，花药2室，伸出或内藏；子房常下位，1至多室，每室具1至多颗胚珠，柱头常2裂，伸出或内藏。蒴果、浆果、核果、坚果、裂果或聚合果。本科有630属，13000余种。实习基地有19属30种，如鸡屎藤 *Paederia foetida*、东南茜草 *Rubia argyi*、细叶水团花 *Adina rubella* 等。

②**龙胆科 Gentianaceae**：草本或木本。茎直立或斜升，有时缠绕。单叶，对生，全缘，基部合生；无托叶。花两性，辐射状或两侧对称，4～5数；花冠基部全缘，裂片在蕾中右向旋转呈覆瓦状排列；雄蕊着生于冠筒上与裂片互生，子房上位，侧膜胎座，柱头全缘或2裂，胚珠多数。蒴果2瓣裂，稀浆果。本科有107属，1200余种，实习基地有3属4种，如双蝴蝶 *Tripterospermum chinense*。

③**马钱科 Loganiaceae**：乔木、灌木或藤本。单叶常对生或轮生；叶基部、苞片或萼片具黏液毛；托叶存在或缺，分离或连合成鞘，或为连接2个叶柄间的托叶线。花单生、双生或为各式花序；花常两性；花萼裂片4～5，覆瓦状或镊合状排列；雄蕊与花冠裂片同数且互生；花药常2室，基部2裂；子房常上位，1～4室，中

轴或侧膜胎座,每室胚珠多枚。蒴果或肉质核果。本科有16属,约420种。实习基地常见有蓬莱葛 *Gardneria multiflora*。

④夹竹桃科 Apocynaceae:藤本。叶对生,叶脉稀。聚伞花序伞房状;花萼裂片基部内面有5个钻状腺体;花冠浅高脚碟状,花冠管圆筒状,内面在雄蕊背后的筒壁上倒生刚毛,花冠裂片向左覆盖;雄蕊着生于花冠管的近基部;子房半下位,心皮2,胚珠多数。蓇葖2枚合生,狭纺锤形,具粗柄。种子线状长圆形,顶端具短且宽的喙,喙缘具黄白色种毛。本科有394属,4000~4500种。实习基地有9属18种,如贵州娃儿藤 *Tylophora silvestris*、萝藦 *Cynanchum rostellatum* 等。

(三十六)茄目 Solanales

草本或木本。叶螺旋状着生,为单叶,花萼宿存,花冠合瓣。蒴果或浆果。本目包含旋花科 Convolvulaceae、茄科 Solanaceae、瓶头梅科 Montiniaceae、楔瓣花科 Sphenocleaceae、田基麻科 Hydroleaceae 共5科,实习基地常见旋花科和茄科植物。

茄目物种

①旋花科 Convolvulaceae:草本、亚灌木或灌木,或为寄生,稀为乔木。植物体常有乳汁;具双韧维管束。茎缠绕或攀援,平卧或匍匐,偶有直立。单叶互生,螺旋排列,寄生种类无叶或退化。花单生于叶腋,或少至多花组成腋生聚伞花序。花整齐,两性,5数;花萼分离或仅基部连合,外萼片常比内萼片大,宿存,或在果期增大;花冠合瓣,漏斗状、钟状、高脚碟状或坛状,冠檐近全缘或5裂,极少每裂片又具2小裂片,蕾期旋转折扇状或镊合状至内向镊合状,花冠外常有5条明显的被毛或无毛的瓣中带;雄蕊着生花冠管基部或中部稍下,花药2室;子房上位,由2(稀3~5)心皮组成,常1~2室,中轴胎座,花柱1~2。蒴果,室背开裂、周裂、盖裂或不规则破裂,或为不开裂的肉质浆果,或果皮干燥坚硬呈坚果状。本科有68属,约1650种。实习基地有6属12种,如南方菟丝子 *Cuscuta australis*、飞蛾藤 *Dinetus racemosus* 等。

②茄科 Solanaceae:草本、灌木、小乔木或藤本。叶互生或大小不等的二叶双生;单叶或复叶。花单生或各式聚伞花序;花辐射对称或稀两侧对称;花萼裂片常5,宿存并常膨大;花冠裂片常5;雄蕊常5,稀2或4,花药纵缝开裂或孔裂;子房2室,少数3~5室,2心皮不位于花正中轴线上而偏斜。浆果或蒴果。本科有104属,2300~2460种。实习基地有7属11种,如白英 *Solanum lyratum*。

图4-39 被子植物代表物种（20）

A.茜草科细叶水团花；B.龙胆科双蝴蝶；C.马钱科蓬莱葛；D.夹竹桃科萝藦；

E.旋花科飞蛾藤；F.茄科白英

（三十七）唇形目 Lamiales

草本或木本（图4-40和4-41）。叶对生。花多为单轴对称，花萼、花冠常合生，果类型多样。本目包含唇形科 Lamiaceae、苦苣苔科 Gesneriaceae、车前科 Plantaginaceae 等24个科，实习基地常见12科。

唇形目物种

①**木樨科** Oleaceae：乔木或藤状灌木；叶对生，具叶柄，无托叶。聚伞花序排列成圆锥花序；两性花辐射对称；花萼4裂；花冠4裂；雄蕊2，着生于花冠管上或花冠裂片基部，花药纵裂；花柱单一或无花柱，柱头2裂或头状，子房上位，心皮2，2室，每室胚珠2，胚珠下垂。翅果、蒴果、核果、浆果或浆果状核果。本科28属，约700种。实习基地有8属19种，如清香藤 *Jasminum lanceolaria*、木樨 *Osmanthus fragrans*。

②**苦苣苔科** Gesneriaceae：草本、灌木或木质藤本。聚伞花序腋生。花两性，常两侧对称。花冠钟状或管状，冠檐二唇形；能育雄蕊2～5；花盘位于花冠及雌蕊之间，环状或杯状；雌蕊由2枚心皮构成，子房上位、半下位或完全下位，胚珠多数，倒生；花柱1。果为蒴果或浆果；种子多数。本科有165属，约3500种。实习基地有8属10种，如吊石苣苔 *Lysionotus pauciflorus*。

③**车前科** Plantaginaceae：草本，稀灌木。叶互生螺旋状，或对生，有时轮生。花序多样。花常两性。萼片4或5，合生。花瓣常5，合生，花冠二唇形。雄蕊4，

二强雄蕊,有时为2枚,或有退化雄蕊;花丝贴生于花冠;药室2,室分离、纵裂。心皮2,合生;子房上位,中轴胎座,胎座膨大;柱头2裂。胚珠每室多数。蒴果,室间开裂,孔裂或周裂;种子有角或具翅。本科有102属,约1760种。实习基地有6属12种,如水马齿 *Callitriche palustris*、毛叶腹水草 *Veronicastrum villosulum*。

④玄参科 Scrophulariaceae:草本或灌木。叶多对生。花序总状、穗状、聚伞状,或圆锥花序,顶生或腋生。花萼5裂,常宿存;花冠合生,4~5裂,常二唇形,上唇2裂,下唇2~3裂;雄蕊多为4,2强,少数为5,着生于花冠筒上,花药1室,药室汇合或少数基部分离;子房上位,2室,每室有胚珠多枚,少数仅2颗,花柱1,柱头2裂或头状。蒴果,室间或室背开裂或隐约开裂。种子具翅或有网状种皮。本科有59属,约1900种。实习基地有2属2种,如醉鱼草 *Buddleja lindleyana*。

⑤母草科 Linderniaceae:常为多年生小草本。茎常四棱形。叶常交互对生,基部常合生。花序多为总状,或单花腋生,无小苞片;花两侧对称;花冠内部常具腺毛;雄蕊4,2枚雄蕊基部具Z字形附属物,或有时具2枚雄蕊(另2枚退化),雄蕊基部具毛;胚珠具匙形胚囊。种子具嚼烂状胚乳,种皮具蜂窝状或皱状纹饰至光滑。本科有22属,220余种。实习基地有2属4种,如母草 *Lindernia crustacea*。

⑥唇形科 Lamiaceae:多为草本至灌木,稀乔木。茎多四棱形。叶常交互对生,偶为轮生,极稀互生。花序聚伞式,或再形成轮伞花序、穗状、圆锥状的复合花序;花萼宿存,果时常增大,多为二唇形;花冠二唇形,蜜腺发达,冠檐常5裂,常成2/3式二唇形或4/1式二唇形,偶为单唇,雄蕊常4枚,2强,有时退化为2枚;花盘下位明显,其裂片有时呈指状增大;花柱顶端常2裂。果实多为4小坚果。本科有230属,7173~7200种。实习基地有30属81种,如大青 *Clerodendrum cyrtophyllum*、豆腐柴 *Premna microphylla*、石荠苎 *Mosla scabra* 等。

⑦通泉草科 Mazaceae:草本,直立或倾卧。基生叶莲座状或无基生叶,对生或互生。总状花序;花萼漏斗状或钟形,萼齿5枚;花冠二唇形,筒上部稍扩大,上唇直立,2裂,下唇较上唇长而宽,有隆起的褶襞,被毛,3裂;雄蕊4枚,2强,着生在花冠筒上;柱头2裂。蒴果或肉果。种子小,多数。本科有4属,约40种。实习基地有1属5种,如弹刀子菜 *Mazus stachydifolius*。

⑧透骨草科 Phrymaceae:一年生或多年生草本或木本。叶具齿或全缘。穗状花序或单生;花萼管状,具齿,具棱,萼片果期宿存;花冠合瓣,漏斗状筒形;花药肾形;柱头二唇形,2心皮,心皮内有两个薄板;胚珠1至多枚,直生,珠被3~7层细胞构成。蒴果,开裂。本科有15属,约200种。实习基地仅有透骨草 *Phryma leptostachya* subsp. *asiatica*。

图 4-40　被子植物代表物种（21）

A.木樨科清香藤；B.苦苣苔科吊石苣苔；C.车前科毛叶腹水草；

D.玄参科醉鱼草；E.母草科母草；F.唇形科大青

⑨**泡桐科 Paulowniaceae**：落叶乔木、半附生假藤本或附生灌木。单叶对生，有时3叶轮生，全缘或3～5浅裂。圆锥花序或总状花序；花萼钟形，被毛，5裂；花冠筒常有弯曲，上唇2裂，下唇3裂；雄蕊4枚，2强，无退化雄蕊；子房2室，中轴胎座。蒴果2或4裂；种子小而多，具翅。本科有2属，约8种。实习基地有1属2种，如毛泡桐 *Paulownia tomentosa*。

⑩**爵床科 Acanthaceae**：多为草本、灌木或藤本；节常膨大具关节。单叶对生，常具钟乳体。花两性，两侧对称；花萼常4～5裂；花冠近整齐，或二唇形；能育雄蕊2或4，2强，花药1或2室；退化雄蕊1或3或无；子房上位，2室，中轴胎座，稀不完全的4室，具1分离的翅状中央胎座，胚珠倒生，着生于珠柄钩上，稀无珠柄钩。蒴果室背开裂。本科有193属，约4000种。实习基地有5属6种，如爵床 *Justicia procumbens*、九头狮子草 *Peristrophe japonica*。

⑪**紫葳科 Bignoniaceae**：乔木、灌木或木质藤本。羽叶或掌状复叶，无托叶。聚伞花序、圆锥花序或总状花序，花两性，左右对称，大而艳丽。花萼5，合生钟状、筒状。花冠5，合生，二唇形；能育雄蕊常4，2强，第5枚雄蕊有时退化，有时简化成2枚，花丝贴生于花冠上，花药箭头状；心皮2，合生，子房上位，胚珠多数，柱头2裂，每裂片有触敏性；具蜜腺盘。蒴果。种子具翅或流苏状毛。本科有96属，800～860种。实习基地有2属3种，如梓 *Catalpa ovata*。

⑫**马鞭草科 Verbenaceae**：草本、藤本、灌木或乔木。单叶对生，稀轮生。雄蕊4，二强雄蕊，花丝贴生于花冠；花冠弱二唇形；子房上位，不裂或4浅裂，2～4

室。核果或者为分果分裂为2(4)小坚果。本科有38属,约1200种。实习基地有2属2种,如马鞭草 *Verbena officinalis*。

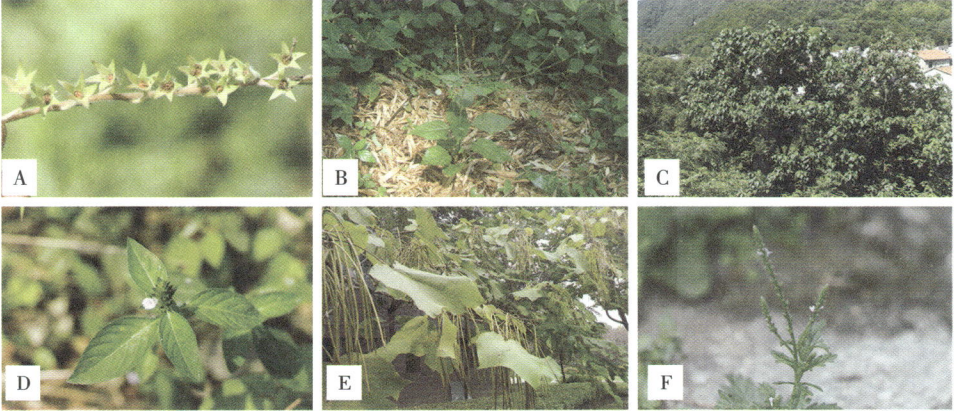

图4-41 被子植物代表物种（22）

A.通泉草科弹刀子菜；B.透骨草科透骨草；C.泡桐科毛泡桐；D.爵床科爵床；
E.紫葳科梓；F.马鞭草科马鞭草

(三十八)冬青目 Aquifoliales

木本(图4-42)。叶具锯齿。花部每心皮中1～2枚胚珠,花萼稍合生。果实为核果,具宽的柱头。本目包含粗丝木科 Stemonuraceae、心翼果科 Cardiopteridaceae、叶顶花科 Phyllonomaceae、青荚叶科 Helwingiaceae、冬青科 Aquifoliaceae 等5个科。实习基地有冬青科,共17种,如枸骨 *Ilex cornuta*。

冬青目物种

(三十九)菊目 Asterales

多为草本(图4-42)。叶对生或互生。花常单轴对称或辐射对称,花冠发育前期合生。常为瘦果或蒴果。本目包含菊科 Asteraceae、桔梗科 Campanulaceae、草海桐科 Goodeniaceae 等11个科,实习基地常见桔梗科和菊科。

菊目物种

①**桔梗科 Campanulaceae**:多草本,有乳汁。单叶互生,无托叶。花序多样；花两性,辐射或两侧对称,具花托；花萼筒5裂；花冠常5裂,管状或钟状,或二唇形到一唇形；雄蕊常5;心皮2～5,合生,子房下位、半下

位;花蜜盘在子房之上,环状或管状;花柱近顶部有收集花粉的毛,胚珠多数。蒴果或浆果,室背开裂或孔裂。本科有99属,2300~2380种。实习基地有6属10种,如蓝花参 *Wahlenbergia marginata*、羊乳 *Codonopsis lanceolata*。

②**菊科** Asteraceae:草本、亚灌木或灌木,稀为乔木。偶有乳汁管或树脂道。叶常互生,无托叶。花密集成头状花序,具1至多层总苞片;萼片常成鳞片状或毛状冠毛;花冠常辐射对称,管状,或左右对称,二唇形、舌状或假舌状;雄蕊4~5,花药合生成筒状,基部钝或尖,多具尾状附属物;花柱上端2裂,子房下位。连萼瘦果。本科1719属,24000~32000种。实习基地有54属108种,如白术 *Atractylodes macrocephala*、马兰 *Aster indicus*、南方兔儿伞 *Syneilesis australis* 等。

白术生活史

（四十）川续断目 Dipsacales

木本或草本(图4-42)。芽具鳞片或无。叶对生,常基部合生。花常单轴对称。果实花萼宿存。本目包含五福花科 Adoxaceae 和忍冬科 Caprifoliaceae,实习基地这2科都有。

川续断目物种

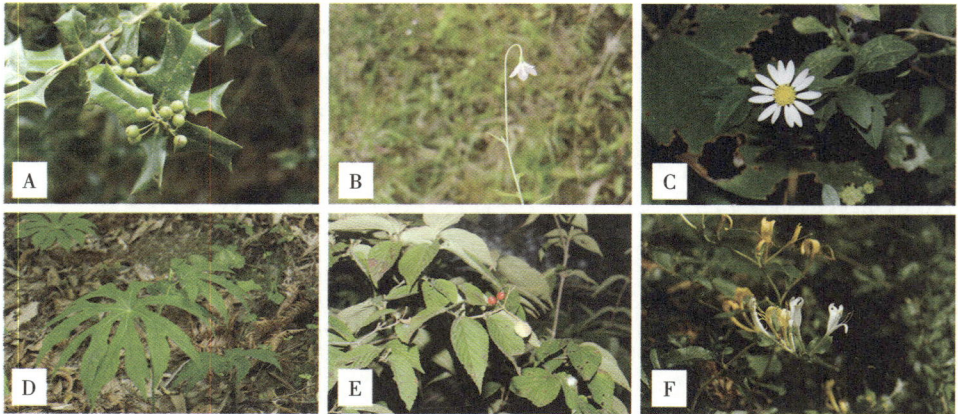

图4-42 被子植物代表物种（23）
A.冬青科枸骨；B.桔梗科蓝花参；C.菊科马兰；D.菊科南方兔儿伞；
E.五福花科宜昌荚蒾；F.忍冬科忍冬

①**五福花科** Adoxaceae:灌木或多年生多汁草本。根茎匍匐或直立。茎生叶对生。花茎直立,花序为总状、聚伞性头状或团伞花序排列成间断的穗状花

序,花小,合萼、合瓣,通常4～5基数。果为核果。本科有5属,约210种。实习基地有2属15种,如接骨草 *Sambucus javanica*、宜昌荚蒾 *Viburnum erosum*。

②**忍冬科** Caprifoliaceae:灌木或木质藤本,有时为小乔木或小灌木,落叶或常绿,很少为多年生草本。茎干有皮孔或无,常有发达的髓部。叶对生。聚伞或轮伞花序,花两性,花冠合瓣。果实为浆果、核果或蒴果,具1至多数种子。种子具骨质外种皮,平滑或有槽纹。本科有38属,890～960种。实习基地有忍冬5属15种,如忍冬 *Lonicera japonica*、攀倒甑 *Patrinia villosa* 等。

(四十一)**伞形目** Apiales

草本或木本(图4-43)。叶柄基部常膨大成鞘状。花辐射对称,排成伞形或复伞形花序,具花盘。本目包含海桐花科 Pittosporaceae、五加科 Araliaceae、伞形科 Apiaceae 等7个科,实习基地常见3科30属43种。

伞形目物种

①**海桐花科** Pittosporaceae:常绿乔木或灌木。叶互生或偶为对生,多数革质,全缘,无托叶。花通常两性,花的各轮均为5数。蒴果沿腹缝裂开,或为浆果。种子通常多数,常有黏质或油质包在外面。本属有10属,约240种。实习基地常见有海金子 *Pittosporum illicioides*。

②**五加科** Araliaceae:乔木、灌木或木质藤本,稀多年生草本。叶互生,托叶通常与叶柄基部合生成鞘状,稀无托叶。花整齐,聚生为伞形花序、头状花序、总状花序或穗状花序,花瓣5～10,花盘上位,胚珠倒生。果实为浆果或核果。本科有80属,约900种,实习基地有9属13种,如棘茎楤木 *Aralia echinocaulis*。

③**伞形科** Apiaceae:一年生至多年生草本,很少是矮小的灌木。根通常真生,肉质而粗。茎直立或匍匐上升。叶互生,常分裂或多裂叶柄的基部有叶鞘。花小,两性或杂性,伞形花序。双悬果。本科有457属,3500～3650种。实习基地有20属28种,如前胡 *Peucedanum praeruptorum*、窃衣 *Torilis scabra*。

图4-43　被子植物代表物种(24)
A.海桐花科海金子;B.五加科棘茎楤木;C.伞形科前胡

145

第五章
野外实习中的项目化研究性学习

　　野外实习实践教学不仅是锻炼学生发现问题、分析问题和解决问题的重要手段，也是培养创新型人才的重要环节。然而，野外实习教学仍处于探索阶段，教学形式仍采用传统的以教为主的基础性实习模式。通过野外实习可使学生加深对专业理论知识的理解，初步了解实习地点的自然环境、动植物区系、社会经济等基本状况，学习并掌握生态学野外工作的基本方法，培养学生对生态学野外工作的浓厚兴趣。

　　研究性实习具有较强的科学性、探索性和实践性，对培养学生独立从事生物学研究工作的能力并激发其投身生物学研究工作的热情都具有十分重要的意义。它是在基础性实习的基础上开展的、以研究性项目为主的野外实习。一般是在老师的指导下，由学生查阅相关文献资料，提出具有一定理论或实践意义的科学问题，独立设计研究的技术路线，开展野外调查或实验，对所获得的数据进行分析，从而回答所提出的问题，并将研究的结果以研究报告的形式进行总结。研究性实习通常以生物学领域的基础性或前沿科学问题为导向，需要学生通过独立或团队协作完成相关项目内容，从而回答所提出的科学问题。通过研究性实习项目的实施，学生不仅锻炼了发现问题、分析问题和解决问题的能力，独立思考和团队协作的意识，还能接触到生物学最前沿的科学问题。

　　研究性野外综合实习教学不仅验证了学生的书本知识，巩固了学生的理论知识，而且重视理论知识的实际应用，强调整个过程的参与实践，发挥学生主观能动性和科学研究思维，培养学生团结协作、探索、动手等综合能力。因此，研究性野外实习的核心指导思想是培养学生的实践创新能力。在研究性野外综合实习中必须坚持以下5条原则。

　　● 研究性实习必须建立在正常实习的基础上。正常实习是研究性实习的前期和基础。在完成动植物识别、标本采集、制作和鉴定、生物多样性调查等内容的基础上，才能开展研究性实习活动。如果正常实习内容做得不牢不实，就会本末倒置,拔苗助长,达不到研究性实习教学目的。

● 师生共同命题和现场选择命题相结合。教师可以根据参考文献、往年已做的课题及课题价值等标准设置研究性课题内容,也可根据现场实际情况选择有价值并能激发学生兴趣的内容作为研究性课题。另外,选择的课题内容要难易适中,易于操作,能够在规定时间内完成。

● 学生为主体,教师为主导。在研究性实践过程中,教师的指导旨在启发学生,教会学生研究性方法和思维,这不仅能提高学生终身学习能力,而且培养了学生科研思维和科研能力。

● 实践过程和研究结果相结合,以过程为主。传统教学形式只强调研究结果,不注重学生实践过程,往往造成学生实践创新能力不够。而研究性实习则是教师注重在实践活动中知识的形成过程,并不强调结果正确与否。

● 以创新能力为核心的综合能力培养。学生创新能力的培养已成为当代教育的重心,在促进学生基本能力提高的同时,教师在研究性实践过程中根据学生的兴趣引导其学习,发掘学生潜力,对学生的创新能力特别关注,并着力重点培养和打造,为学生今后进一步攻读研究生打下扎实的研究基础。

在近几年的生物学野外实习中,我们组织开展了研究性野外综合实习教学,课题题目绝大多数由教师拟定(表5-1)。所选课题经过学生充分准备并认真答辩。在野外实习过程中,学生能非常认真地进行研究和记录数据,返校后仔细整理数据和撰写论文。

表5-1 研究性野外综合实习教学课题题目

序号	植物学部分研究性课题
1	天姥山苔藓植物多样性调查与精细解剖图谱
2	天姥山蕨类植物多样性调查与精细解剖图谱
3	天姥山常见蕨类植物孢子囊类型调查
4	天姥山豆科植物物种多样性、精细解剖图谱与检索表编制
5	天姥山禾本科植物物种多样性、精细解剖图谱与检索表编制
6	天姥山壳斗科植物物种多样性、精细解剖图谱与检索表编制
7	天姥山蔷薇科植物物种多样性、精细解剖图谱与检索表编制
8	天姥山斑纹植物多样性及观赏性评价研究

续表

序号	植物学部分研究性课题
9	天姥山常见被子植物毛被形态多样性观察与分类
10	天姥山常见被子植物叶齿类型和叶脉类型调查
11	天姥山常见被子植物刺类型调查
12	叶肉细胞内生物多样性观察
13	一平方米空间内外来入侵植物物种丰富度评价
14	"人类世"气候变化下弗吉尼亚须芒草的时空扩散动态及其潜在分布区预测
15	天姥山国家重点保护植物调查
16	白术根际丛枝菌根真菌(AMF)多样性研究
17	不同产地白术多糖成分分析
18	不同产地白术倍半萜类物质分析
19	入侵群落中加拿大一枝黄花的伴生物种调查
20	3种菊科入侵植物根际丛枝真菌的分离与鉴定

序号	动物学部分研究性课题
1	天姥山昆虫纲鳞翅目代表物种多样性调查和精细解剖结构
2	天姥山昆虫纲直翅目代表物种多样性调查和精细解剖结构
3	天姥山昆虫纲鞘翅目代表物种多样性调查和精细解剖结构
4	天姥山鱼纲鲤形目代表物种多样性调查及检索表编制
5	天姥山溪流性鱼类物种多样性调查及其生态适应机制
6	天姥山昆虫纲鳞翅目物种触角多样性调查及精细解剖结构
7	天姥山昆虫纲鞘翅目物种附肢多样性调查及精细解剖结构
8	农田(稻田、菜地、果园等)常见蜘蛛及分类
9	蛛网和纺器的类型调查
10	蜘蛛的生态类型及其代表种
11	天姥山爬行类多样性资源调查
12	环境对两栖类多样性减少的影响

续表

序号	动物学部分研究性课题
13	天姥山主要鸟类资源调查
14	昆虫口器类型、精细解剖结构及其食性的关系
15	昆虫胸足的类型、精细解剖结构及其与生活习性的关系
16	天姥山昆虫纲鞘翅目物种附肢多样性及精细解剖结构
17	昆虫触角多样性及其精细解剖结构
18	天姥山昆虫纲鳞翅目物种触角多样性调查及精细解剖结构
19	昆虫翅的多样性及其精细解剖结构
20	天姥山主要兽类资源调查

在野外实习中开展项目化研究课题,坚持研究性实践活动的基本原则,按照研究性教学步骤扎实推进,对学生和年轻教师的成长都有积极的效果,具体表现在以下几个方面。

● 学生科研素养显著提升。研究性野外实习从选题到研究报告的形成都是以学生为主体开展,教师仅仅负责组织和引导。同学们通过研究背景、研究材料、研究方法、结果和分析、讨论、结论等环节训练,掌握了科学研究基本过程,学会从探索、思考和实践研究过程中吸收知识、应用知识、分析问题和解决问题,培养了创新能力和创新精神,使他们在低年级就能得到很好的锻炼,为今后写好毕业论文和从事科学研究打下了坚实的基础。今后,每年可以编撰《研究性野外综合实习汇编》,收集年度实习的研究论文以及上一年度已发表的高质量论文。这不仅可为学生提供一本值得珍藏的记忆手册,同时为即将实习的师生提供一定的借鉴和参考。

● 学生求知欲和创新能力显著增强。兴趣是最好的老师,是创新的先导,也是推动学生求知欲的强大动力。研究性野外实习教学是在大自然中进行的,用生动的实践活动来激发学生的求知欲,学生们兴致很高。他们本来就对大自然充满了好奇与想象,在学习了生物学基础知识后就可以根据自己的兴趣与知识对大自然进行富有挑战性的尝试。研究性实习进一步激发了学生求知欲,增强了他们的创新创造能力。

● 学生动手能力、解决实际问题的能力显著提高。研究性野外实习要求学生既要动脑,促进科研思维和科研探究力的发展;还要求学生动手实践,加深对理论知识的理解和掌握。在研究性实习过程中,学生们不仅掌握了如何使用实验仪器,而且还制作了一些简单的实习工具,甚至通过实践和反复总结后,对样本的采集方法、GPS定位、数据统计方法等提出了改进方案,动手能力和解决实际问题的能力得到了锻炼和提高。

● 学生团结协作和沟通能力显著提高。由于研究性教学是以小组为单位进行活动,一般分6~7个小组,每个小组3~4人,小组中每个人的分工也不一样。无论是在野外调查研究,还是在室内查阅资料、撰写、修改和网投论文,各小组成员都能全程参与,表现出良好的团队精神和协作意识。当论文顺利通过答辩或发表时,他们会感到一种集体成就感和荣誉感。另外,在实践过程中,通过教师和学生、学生和学生以及学生与社会交流,学生沟通能力得到显著提高。

● 学生意志品质和社会责任感显著增强。与实验室研究相比,野外研究性实习过程更困难,更复杂,主要原因是实验材料、实验仪器、实验条件、实验过程等充满不确定性。通过这样的历练,学生意志品质会得到锤炼,增强了学生在以后的人生中克服困难和抗挫折能力。另外,学生亲历祖国的大美河山,一草一木,一鸟一虫,从而树立可持续发展的理念,增强环保意识和生态文明意识。

● 年轻教师业务水平和教学能力显著提高。在研究性实习过程中,老教师善于传教,年轻教师虚心请教,达到"传、帮、带"目的。同时年轻教师之间相互沟通和交流,增强了学科知识融合和交叉,年轻教师研究水平和实践教学能力得到显著提高。

生物学研究性野外综合实习是一种培养学生实践创新能力的新尝试,不仅培养学生动手、解决实际问题、批判性思维等创新能力,而且能显著提升学生团结协作、意志品质以及人与自然和谐发展的科研情操,还能促进年轻教师教学研究水平显著提高。研究性野外实习也存在许多问题和困难,如研究性经费不足,研究设备不够、携带不便,研究时间或精力不够,研究内容不深入,研究性小组人数偏多,专业指导教师人员不够,教师指导研究水平有待提高。总之,同传统的野外教学实习相比,研究性野外综合实习对教师和学生的要求更高,付出的精力和时间也更多,但只要坚持下来,脚踏实地去实践,学生和教师的收获一定是颇丰的。

第六章
入侵动物和植物

第一节　生物入侵及其研究和防控现状

一、生物入侵现状

随着全球经济一体化与国际贸易的飞速发展,生物入侵(biological invasion)已经是当今世界范围内的普遍现象,并成为全球变化的一个重要组成部分。生物入侵是指生物从原分布区经自然或人为途径扩展到自然分布区域以外,克服生物或非生物障碍后在新区域内生长繁殖并建立稳定种群的过程,其往往对入侵地造成巨大的经济损失和生态灾难。与之相关的两个重要概念是"外来种(alien species)"和"入侵种(invasive species)"。能够在自然分布范围以外出现和生存的物种、亚种或基因叫作外来种。大多数的外来种不能在新区域生长繁衍并最终成功入侵,只有一部分会失去控制,发生爆炸性生长,给本地的生态、经济和社会带来明显的负面影响,从而形成入侵种。

生物入侵严重威胁着全球的生物多样性以及生态系统的稳定性,并给入侵区域带来巨大的经济损失。特别是由于全球贸易的迅速发展,伴随着气候变化,土地利用变化,城市化,以及土壤污染、水体污染、光污染等环境变化,未来各大洲的外来入侵物种数量将会继续增加。生物入侵成了各国科学家及政府部门广泛关注的生态和环境问题,很多国家已将外来物种入侵防控提升为事关国家生态安全建设中的一个重大发展战略。

我国是世界上外来入侵物种数量最多的国家之一,外来物种总数已超过5000种,涉及森林、水域、湿地、草地和城市居民区等几乎所有的生态系统。21世纪以来,我国对于生物入侵的制度建设和管理也越来越重视,分别在2003年、2010年、2014年、2016年和2021年发布了五批外来入侵物种名单;2021—2022

年,我国农业农村部等部门印发《外来入侵物种普查总体方案》《外来入侵物种管理办法》《进一步加强外来物种入侵防控工作方案》等方案,强调要建立外来入侵物种普查和监测制度,每十年组织开展一次全国普查,构建全国外来入侵物种监测网络,开展常态化监测。"十四五"国家重点研发计划中也设立了"重大病虫害防控综合技术研发与示范""生物安全关键技术研究"等重点专项,以期为我国外来入侵物种防治的基础理论和关键技术提供支撑。这些举措说明我国也已将外来物种入侵防控提升为国家级的重大发展战略。

近几十年来,国内外学者围绕外来生物的入侵机制、监测和防控技术等方面展开研究,取得了不少进展。在入侵机理方面,已提出30多种假说,并对强化全球贸易、气候变化与多元驱动因素相互作用下的生物入侵展开研究;在监测和防控技术方面,我国已收集了130多种入侵物种的基因组数据库,开发了100余种入侵物种的精准甄别和智能监测预警技术,建立了20余种重要入侵物种的扩散阻截技术和应急处置技术体系。总体而言,我国对外来物种入侵防控管理水平、应对外来入侵物种防控需求的科技支撑能力以及在生物入侵领域的国际影响力有显著提升。

二、生物入侵机制研究进展

自1958年Charles S. Elton对生物入侵发出了早期预警以来,国内外学者开始关注生物入侵的驱动因素,并提出了很多假说来解释外来物种成功入侵的原因,以期为入侵生物的防控提供参考。目前,相关假说可归纳为三个方面,即入侵生物的入侵性、入侵种和当地种间的相互作用,以及新栖息地环境的可入侵性。

(一)入侵生物的入侵性

外来生物入侵到新的生境常与其自身的生物学特点有关。①繁殖体压力。繁殖体压力是对个体释放进入异地数量的一种综合度量,随着释放次数或个体释放总数的增加,繁殖体压力也增加。入侵种的繁殖特征(繁殖能力和繁殖方式)在其入侵过程中起着非常关键的作用,其强大的繁殖和传播能力往往会造成很大的繁殖体压力。我国常见的入侵植物如紫茎泽兰、水葫芦、加拿大一枝黄花、小蓬草、一年蓬、苦苣菜、桉树等,入侵动物如福寿螺、克氏原螯虾、巴西龟、杀人蜂、松材线虫、美国白蛾等,都已造成超强的繁殖体压力。②新武器假说。该假说认为,一种植物入侵到一个新生境后,其释放的化感物质能强烈抑制本地植物生长,而原产地植物已经对这些化感物质产生了适应机制。该假说最初是在研究一种北美入侵植物铺散矢车菊(*Centaurea diffusa*)的成功入侵机制时提出来的。紧接着又发现入侵植物斑点矢车菊(*Centaurea maculosa*)"新武器"的存在——潜在化感物质儿茶酸(catechin)。但也有一些研究发现无论在自然土壤还是在室内实验中,儿茶酸的抑制作用并不总是能够观察到,因而此假说仍处于不断的争论中。③内禀优势假说。外来入侵种常对各种环境因子有较宽的生态幅,对环境胁迫有较强的适应力和耐受力,如耐阴、耐贫瘠、耐污染等,从而最终在竞争中占据优势,获得成功入侵机遇。如小龙虾抗逆性很强,在污水、工业废水、陆地等多种生境下都可生存,且扩散速度极快;福寿螺不仅繁殖能力极强,在冬眠时期,可食用啮齿类动物粪便、同类尸体,适应性极强,目前已在我国长江以南地区严重泛滥,对当地农业生产、生态经济发展和自然环境等方面造成了严重损失。

此外还有互利共生假说、理想杂草假说、表型可塑性假说、遗传多样性假说、天敌释放假说、增强竞争力进化假说等。这些假说都解释了外来入侵种在进入到新生境后常常会通过改变自身的生长、竞争或繁殖能力,甚至逃避天敌以增强对新生境的适应性,而这种适应性是保证其入侵性的关键。

(二)入侵生境的可入侵性

生物入侵成功与否也与入侵地生境的可入侵性有关。①生物多样性阻抗假说。Elton(1958)提出了一个经典假设,认为群落的生物多样性对抵抗外来种的入侵起着关键性的作用,物种组成丰富的群落较物种组成简单的群落对生物入侵的抵抗能力要强。群落的生物多样性高,对空间和资源的利用率较高,相对生境空位少,外来物种较难入侵;反之,如果当地生态系统种植结构单一,群落的生物多样性较低,则外来种易入侵。后来的一些数学模型和实验研究也证明了群落生物多样性与群落对入侵的抵抗性之间呈正相关,但也有野外观察实验表明,多样性程度高的群落更易被入侵。因此,物种多样性与外来种入侵的关系并不能简单地说是正相关或负相关,入侵后生物多样性是否降低可能是由气候、被入侵群落的土壤理化性质、入侵物种本身特征决定的。例如在加拿大一枝黄花的入侵地(中国),和入侵前相比,被入侵后群落中的物种丰富度并不都是降低的,而是表现为增加、减少或不变。经路径分析发现,气候、被入侵群落特征和入侵物种特征可以解释这种物种丰富度变异的57%。②资源波动假说。当环境中可利用的资源波动时,植物群落更容易被入侵,而这种波动可以通过两种方式实现:本地植被资源利用的下降,或者是资源以大于本地植被利用的速率增加。当本地植被资源消耗降低或资源总供给增加,外来种有较多可利用资源时,群落敏感而易被入侵。该假说首次整合了资源、干扰和群落可入侵性的关系,阐述了各个变量在入侵过程中的作用。一些研究表明,在资源(如光照、水分、营养)充足情况下,入侵种的入侵性表达较充分,而贫瘠的生境对外来种有一定的抗性。

此外,还有学者提出了空生态位假说、干扰假说、资源机遇假说等。这种环境的可入侵性也解释了为什么入侵种常呈现一定的区域分布,随着人类活动干扰的愈发强烈,生境的可入侵性也势必会增加,因此,一旦外来种入侵成功,则需要长期防范。

(三)相关机制研究进展

近几十年来,研究者们提出了30多种假说,但任何单一假说都很难阐述自然界普遍存在的生物入侵现象。它们要么有相反的证据,要么在不同情况下所起的作用不一样。从基本的生态学视角来看,由于限制本地物种的种群生长和分布的因子很多,只用一种机制来解释所有的入侵也是不太现实的。这可能存在两种情景:①入侵物种是通过多种机制入侵成功的,而大部分的假说对于某些物种,只适用于某种环境,某个时间点,并不适用于所有的情况;②提出的入侵假说是综合作用来促进入侵的。对于第二种情景,并不是新提出的概念,但很少有实验性的研究能够证明它。

Catford等(2009)整合了29个主要入侵生态学假说,构建了入侵机制的理论框架,他们认为入侵成功主要是三个方面的原因:繁殖体压力(P)、非生物特征(A)、生物特征(B),而这三个方面又都受到人类活动的影响。其中,繁殖体压力是基于入侵植物被引入规模的大小和频度;非生物特征是基于被入侵群落的物理条件,例如环境条件和资源的有效性;生物特征主要基于入侵物种的入侵性和被入侵群落及其二者的相互作用,如竞争能力、化感作用、共生等,最后形成了PAB框架。这三个方面相互作用,共同影响着入侵的结果,例如,竞争能力使入侵物种在一种生境下入侵成功,但不一定使它在另一种生境下入侵成功(A和B相互作用);没有合适的特征,入侵物种就不能从有利的环境条件中(资源有效性)获得好处(A和B相互作用);入侵物种的扩散特征会影响其繁殖压力,其他特征也会使一些物种比其他物种更容易被引入(P和B相互作用);相似地,区域的物理特征也可能会增加繁殖体压力,例如某些区域会集中繁殖体或提供额外的扩散通道(P和A相互作用)。因为入侵是多种机制综合作用的结果,能够找出这些因子中主要的驱动因子是极具挑战性的。PAB是影响群落构建和物种分布的主要因子,其为用实验研究不同影响因子的相对重要性提供了很好的指导框架。

近些年来,越来越多的科学家尝试同时考虑多个因子(包括气候、生物因子、非生物因子或它们的相互作用)或假说在入侵过程中的作用及其重要性。例如,竞争越激烈,食草动物对入侵植物的影响越强烈(生物因子与天敌释放);快速生长的植物倾向于将更多的资源投资在生长上,对天敌采取的是逃避型策略,因而易受到天敌的取食,这类植物最容易从天敌释放中获得好处(资源与天敌释放);入侵植物的分布模式是由环境、物种特性和人类利用方式三者共同决定的。Lau和Schultheis(2015)综合评论了天敌释放假说、新武器假说和竞争能力进化假说间的相互联系:一些外来物种入侵成功是由于它们新产生的竞争能力、防御特征或捕食特征,本地物种没有相似的进化经历,因而极易受到入侵种产生的化感物质和防御物质的伤害;若入侵物种进化后竞争能力的增加不是由于生长—防御权衡(growth-defense trade-off),而是由于进攻—防御平衡(offense-defense trade-off),那么竞争能力增强进化假说和新武器假说则密切相关,例如用于防御的化学物质减少了,而化感物质增加了;如果这种进攻—防御平衡普遍存在的话,当有天敌释放时,新武器可能是潜在的入侵机制。Enders(2020)等也整合分析了更多种入侵假说(39个),并使用连接—聚类算法(a link-clustering algorithm)将各假说联系起来形成新的概念框架,为入侵生态学的研究提供了新的思路。以上入侵机制新框架促进了人们对入侵机制的进一步理解,但相关方面的研究少之又少。一方面,多数研究仅停留在理论阶段;另一方面,这些理论框架还远远不够成熟,主要是缺乏相关实验的支撑。因此未来的研究应综合考虑多个因子,以推进对外来植物成功入侵机制的研究。

三、入侵生物防控的重要性

(一)生物入侵的危害

生物入侵的后果主要包括三个方面。

1.降低生物多样性,加速本地物种灭绝

外来生物入侵新生境后建立种群并大量繁殖、迅速扩散,形成优势种,与本地物种竞争有限的食物和空间资源,导致本地物种的退化甚至灭绝。自公元1500年以来,全球已经超25%的物种灭绝事件与外来物种入侵有关。目前,有

41%的濒危物种同外来物种的关系非常紧密,岛屿上超过85%物种都面临着下降或绝灭的风险。在澳大利亚,赤狐、家猫、穴兔等狩猎物种随英国殖民者进入后,由于缺乏天敌,它们大量繁殖并捕食小型兽类、鱼类、昆虫、植物等,导致本土多种小型、特有的、珍稀的兽类种群快速下降,甚至灭绝。在捷克,大豕草(*Heracleum mantegazzianum*)的入侵造成当地生态系统生物多样性降低;互花米草入侵我国东部海岸生态系统后替代了本地植物,并降低了昆虫的多样性。由于入侵的全球化特点,植物入侵还造成了全球植物区系均匀化的趋势。

2.改变食物链,破坏生态系统结构和功能

动物入侵可破坏食物网进而影响生态系统的结构与功能。如牛蛙繁殖能力惊人,不仅可以捕食麻雀、老鼠、龙虾、鱼类,甚至能捕食本土蛇类,严重威胁着当地的生态系统。很多入侵植物也能改变生态系统的碳(C)库、氮(N)库及其循环速率,干扰土壤生态系统的发育和演替过程,改变入侵地的水分结构、火灾形式及地貌演变过程等从而影响生态系统的结构和功能。例如美国的入侵杂草白茅(*Imperata cylindrica*)能够增加 N 的有效性,特别是将 N 库从地上转移到地下,增加自身的地下生物量,进而破坏生态系统的养分循环。

3.加剧农业生态系统损失,威胁动物和人类健康

20 世纪 60—80 年代从国外引进的旨在保护滩涂的大米草(*Spartina anglica*)近年来在我国沿海地区疯狂扩散,破坏近海生物栖息环境,沿海养殖业蒙受重大打击,甚至堵塞航道,已到了难以控制的局面。壶菌是由入侵种牛蛙携带的一种真菌病害,严重威胁着全球的两栖动物健康,目前壶菌病已经导致全球超过50 个国家、500 多种两栖动物种群快速下降。福寿螺可携带管圆线虫,严重时,可致人类死亡。入侵植物豚草于 40 年前传入我国,其花粉导致的"枯草热"会对人体健康造成极大的危害;每到花粉飘散的 7—9 月,体质过敏者便会发生哮喘、打喷嚏等症状,甚至由于导致其他并发症产生而死亡。

(二)入侵防控的重要性

全球化时代,国家和国家之间以及不同地区之间,经济贸易往来不断增加,外来物种入侵的速度也在逐渐加速。生物入侵作为陆地和淡水生态系统中本土物种灭绝的主要驱动因素之一,也严重地威胁着世界自然保护区,极大地改变了世界各地的生态环境,特别是生物入侵严重威胁着国家的粮食安全、生物安全和生态安全。因此,全球很多国家,包括我国在内,都已将外来物种入侵防控提升为事关国家生态安全建设的一个重大发展战略。我国是受外来入侵物种侵害最

严重的国家之一,外来入侵物种已达660余种,据2009年的数据统计年均损失超2000亿元,形势十分严峻。

四、我国外来入侵生物的管理和防控研究现状

外来物种入侵管理和防控与国家粮食安全、生物安全和生态安全息息相关。我国早期的外来入侵物种管理专项法规过于零散,使得外来物种的管理缺少法律依据,且防控技术虽具普遍性,但没有针对性,导致治理效果不理想。而近十年来,我国外来入侵物种管理和防控技术研发与应用方面有了显著进展。

在管理上,党中央、国务院高度重视外来物种入侵防控工作,相继出台了专门的法律法规和管理制度。党的十八大以来,在党中央的持续关注和推进下,《中华人民共和国生物安全法》正式施行,该法将外来物种入侵界定为生物安全重大风险因素之一,强化了防范外来物种入侵在国家生物安全治理体系中的重要地位。2021年,中共中央办公厅、国务院办公厅印发的《关于进一步加强生物多样性保护的意见》中明确提出,提升外来入侵物种防控管理水平,开展外来入侵物种普查。2022年,农业农村部、自然资源部、生态环境部、海关总署四部门以部长令联合颁布了《外来入侵物种管理办法》,农业农村部会同自然资源部等六部门制定了《重点管理外来入侵物种名录》,党的二十大会议强调"加强生物安全管理,防治外来物种侵害"。这些法律法规的出台反映出国家对外来入侵物种防控工作的重视,并做到了"防控"管理有法可依,全面向"规范化"推进。

在防控技术上,国家先后启动实施了生物安全关键技术研究、重大病虫害防控综合技术研发与示范、主要经济作物优质高产与产业提质增效科技创新、生物多样性保护等国家重点研发计划专项研究,用于支撑和构建重大入侵物种的早期预警、准确监测、应急与综合防控三道防线,提升外来入侵物种预警与防控能力。同时,围绕落实《中华人民共和国生物安全法》和国家/行业部门对外来入侵物种防控管理需要,从技术层面参与起草了《外来入侵物种管理办法》《国家重点管理外来入侵物种名录》《关于进一步加强外来入侵物种防控工作的意见》等。2021年,国家启动了全国范围的外来入侵物种普查,并编制了入侵物种生物词典,同时制定了入侵害虫普查工作方案、技术方案,确定了《全国外来入侵物种清单》和《国家重点管理外来入侵物种名录》。总体而言,在国家的大力支持下,科学家们以重大农业外来入侵物种为对象,围绕"治早、治小、治了、治好"和"风险防范、关口前移、源头治理"的防控目标,针对入侵物种的种群特征与成灾机理、风险研判与灾变预警、靶向灭除与绿色减灾等科学问题,开展基础与应用基础研

究以及防控技术的推广应用研究,取得了较大进展。

随着我国外来入侵物种管理和防控工作不断进步,以及我国在生物入侵领域的国际影响力逐步提升,我国搭建了多个有关"入侵物种防控与管理"的国际合作平台,如中国—澳大利亚、中国—新西兰等外来入侵物种联合研究中心等。这同时也促进了我国在入侵物种精准甄别和智能监测预警技术上的创新。例如,创新了潜在和新发入侵物种精准甄别和智能监测预警技术,建立了高精度入侵植物智能识别App系统、微小入侵昆虫DNA条码快速鉴定系统、种特异性分子检测技术,入侵昆虫远程无人监测技术、重要入侵杂草图像识别与监测等,实现了潜在和新发入侵物种精准甄别溯源和实时智能监测,为入侵物种关口前移的监测点布设和扩散阻截等防控管理提供了技术支撑。

目前,虽然我国在入侵生物的管理、防控技术研发和应用方面取得了不少进展,但仍存在不少薄弱环节。如早期预警与监管的主动应对能力不足;风险威胁评估决策机制不完备,风险防卫缺乏前瞻性;检测监测溯源技术落后和储备不足,缺乏实时化和智能化;主动预防应急处置有短板,难于早期根除和阻止扩散。因此,未来还需进一步加强外来生物入侵防控科技的创新性和前瞻性研发,提升早期防卫和主动应对能力;全面推进外来入侵生物全域安全性调查与综合性考察及其智能预警平台建设,促进入侵生物监测预警与全程管控的靶向性;加强外来入侵生物防控科技支撑体系建设,促进科技创新和成果应用;健全和完善外来入侵生物防控管理机制和政策导向,提升监管能力。

第二节 常见的外来入侵动植物

野外实习基地天姥山属省级森林公园,是浪漫的"唐诗之路"重要组成部分。随着旅游业的发展,人为干扰的频度和强度日趋增强,该森林公园及其周围生境遭受外来动植物入侵的风险也日趋增加。在野外实习基地驻地周围,经过长期的观测,常见入侵植物涉及菊科、豆科、大戟科、雨久花科、小二仙草科、牻牛儿苗科等科,以菊科最为常见(图6-1、6-2和6-3);常见入侵动物有福寿螺、巴西龟、小龙虾、牛蛙、松材线虫等(图6-4)。

一、常见入侵植物

(一)加拿大一枝黄花 *Solidago canadensis* L.

俗名:加黄

分类信息:菊目 Asterales,菊科 Asteraceae,一枝黄花属 *Solidago*

一枝黄花生活史

生物学特征:多年生草本,高达2m。根状茎长。叶片披针形或线状披针形,长5~12cm,叶脉于中部呈三出平行脉,边缘具锐锯齿。头状花序,在花序分枝上单面着生,弯曲排列呈蝎尾状,再形成开展的圆锥花序;总苞片多层,线状披针形,长3~4mm;缘花舌状,8~14朵,很短,黄色;盘花3~6朵,管状,顶端5齿裂,黄色。瘦果有细柔毛,冠毛细毛状,稍不等长或外层稍短。

分布特征:原产于北美洲,早期作为插花材料引种;我国辽宁以南的广大区域都有逸生;绍兴地区各区(县、市)均有分布,极常见。生于荒地、田野、路边。

(二)小蓬草 *Erigeron canadensis* L.

俗名:小飞蓬、小白酒草

分类信息:菊目 Asterales,菊科 Asteraceae,飞蓬属 *Erigeron*

生物学特征:一年生草本,高50~100cm或更高,被疏长硬毛,上部多分枝。叶密集,下部叶倒披针形,长6~10cm,宽1~1.5cm,边缘常被上弯的硬缘毛。头状花序多数,排列成顶生多分枝的大圆锥花序;总苞片2~3层,线状披针形或线形;雌花多数,舌状,白色,长2.5~3.5mm,舌片小,稍超出花盘,线形,顶端具2个钝小齿;两性花淡黄色,花冠管状,长2.5~3.0mm。瘦果线状披针形,稍扁压,冠毛污白色,1层,糙毛状,长2.5~3.0mm。花期5~9月。

分布特征:原产于北美,现在各地广泛分布;我国南北各省区均有分布;绍兴均有分布,常见。生于旷野、荒地、田边和路旁。

(三)野茼蒿 *Crassocephalum crepidioides* (Benth.) S. Moore

俗名:革命草

分类信息:菊目 Asterales,菊科 Asteraceae,野茼蒿属 *Crassocephalum*

生物学特征:一年生直立草本,高20~120cm,茎有纵条棱,无毛。叶膜质,椭圆形或长圆状椭圆形,长7~12cm,宽4~5cm,顶端渐尖,基部楔形,边缘有不规则锯齿或重锯齿。头状花序数个在茎端排成伞房状,直径约3cm,总苞钟状,长 1~1.2cm;总苞片 1 层,线状披针形,有数枚不等长的线形小苞片;小花全部管状,花冠红褐色或橙红色。瘦果狭圆柱形,被毛,冠毛绢毛状。花期 7~12 月。

分布特征:原产于非洲;我国长江流域及南方各省均有分布;绍兴有分布,常见。生于山坡路旁、荒地、灌丛。

(四)粗毛牛膝菊 *Galinsoga quadriradiata* Ruiz et Pav.

分类信息:菊目 Asterales,菊科 Asteraceae,牛膝菊属 *Galinsoga*

生物学特征:一年生草本,高 10~80cm,植株被长柔毛和腺毛。叶对生,卵形或长椭圆状卵形,长 2.5~5.5cm,宽 1.2~3.5cm,基出三脉或不明显五出脉,向上及花序下部的叶渐小。头状花序半球形,总苞片 1~2 层,约 5 个;舌状花 4~5 个,舌片白色,顶端 3 齿裂;管状花序,花黄色。瘦果长 1~1.5mm,三棱,或中央的瘦果 4~5 棱,黑褐色。舌状花冠毛呈毛状,常脱落,管状花冠毛呈膜片状。花果期 7~10 月。

分布特征:原产于南美;在我国南方各省有栽培和归化;绍兴有分布,常见。生于林下、荒野和田边、路边等地。

(五)胜红蓟 *Ageratum conyzoides* L.

俗名:藿香蓟、臭草

分类信息:菊目 Asterales,菊科 Asteraceae,藿香蓟属 *Ageratum*

生物学特征:一年生草本,高 20~100cm,全株被长绒毛或短柔毛。全部茎枝淡红色,或上部绿色。叶对生,长 3~8cm,宽 2~5cm,基出三脉或不明显五出脉,边缘圆锯齿。头状花序 4~18 个,在茎顶排成通常紧密的伞房状花序,花序径 1.5~3.0cm;总苞片 2 层,长圆形或披针状长圆形;花冠长 1.5~2.5mm,檐部 5 裂,淡紫色。瘦果黑褐色,5 棱,冠毛膜片 5~6 个。花果期全年。

分布特征:原产于热带美洲;我国东南各省有归化;绍兴有分布,常见。生于山坡林下、田边或荒地上。

(六)凤眼莲 *Eichhornia crassipes* (Mart.) Solme

俗名:水葫芦、凤眼蓝

分类信息:鸭跖草目 Commelinales,雨久花科 Pontederiaceae,凤眼莲属 *Eichhornia*

生物学特征:多年生浮水草本。须根发达,棕黑色。茎极短,具长匍匐枝。叶在基部丛生,莲座状排列,叶片近圆形,具弧形脉,叶柄中部膨大成囊状或纺锤形,其内具丰富的气室供漂浮,基部有鞘状苞片。花葶多棱,穗状花序长17~20cm;花被裂片6枚,花瓣状,紫蓝色,上方1枚裂片较大,长约3.5cm;三色,即四周淡紫红色,中间蓝色,在蓝色的中央有1黄色圆斑。子房长梨形,蒴果卵形。花期7~10月。

分布特征:原产于巴西;现我国东南各省广泛分布;绍兴各水体常见。生于水塘、沟渠及富营养化河道等流速缓慢的水体中。

图6-1　常见入侵植物（1）

A.加拿大一枝黄花；B.小飞蓬；C.野茼蒿；D.粗毛牛膝菊；E.胜红蓟；F.凤眼莲

(七)大狼耙草 *Bidens frondosa* L.

俗名:接力草、外国脱力草

分类信息:菊目 Asterales,菊科 Asteraceae,鬼针草属 *Bidens*

生物学特征:一年生草本,高20~120cm,被疏毛或无毛,常带紫色。叶对生,具柄,为一回羽状复叶,小叶3~5枚,披针形,长3~10cm,宽1~3cm,至少顶生者具明显的柄。头状花序单生茎端和枝端,直径12~25mm;总苞钟状或半球形,外层苞片5~10枚,通常8枚,披针形或匙状倒披针形,叶状;无舌状花或舌状花不发育;筒状花两性,花冠长约3mm,冠檐5裂。瘦果扁平,狭楔形,长5~10mm;顶端芒刺2枚,长约2.5mm,有倒刺毛。

分布特征:原产于北美洲;我国南北各省均有分布;绍兴地区各区(县、市)均有分布,常见。生于荒地、田边和路旁。

（八）粉绿狐尾藻 *Myriophyllum aquaticum* (Vell.) Verdc.

分类信息：虎耳草目 Saxifragales，小二仙草科 Haloragaceae，狐尾藻属 *Myriophyllum*

生物学特征：多年生挺水或沉水草本。茎上部直立，下部具有沉水性，植株长度50～80cm。叶轮生，多为5叶轮生，叶片圆扇形，一回羽状。雌雄异株，穗状花序，白色。分果。花期7～8月。

分布特征：原产于南美洲；我国安徽、北京、重庆、福建、广州、广西、贵州、河南、湖南、江苏、江西、上海、四川、云南、浙江有栽培或逸生；绍兴水体有分布，少见。生于沟渠、河流、湖泊等水域中。

（九）南苜蓿 *Medicago polymorpha* L.

分类信息：豆目 Fabales，豆科 Fabaceae，苜蓿属 *Medicago*

生物学特征：一、二年生草本。茎平卧，高20～90cm。三出复叶，小叶倒卵形或三角状倒卵形，几等大，边缘1/3以上具浅锯齿，托叶大，边缘具齿。花序头状伞形，腋生，具1～10花，花序梗通常比叶短，花萼钟形，花冠黄色。荚果盘形，暗绿褐色，紧旋1.5～2.5圈，有辐射状脉纹；每圈外具棘刺或瘤突，内具1～2粒种子。种子长肾形，平滑。花果期3～6月。

分布特征：原产于印度；我国长江流域中下游地区及陕西、甘肃有栽培或逸生；绍兴地区各区（县、市）均有分布，极常见。生于田边、果园、路旁。

（十）斑地锦 *Euphorbia maculata* L.

分类信息：金虎尾目 Malpighiales，大戟科 Euphorbiaceae，大戟属 *Euphorbia*

生物学特征：一年生草本。茎匍匐，长10～17cm，被白色疏柔毛。叶对生，长椭圆形至肾状长圆形，长6～12mm，宽2～4mm，先端钝，基部偏斜，中部以上常具细小疏锯齿，叶中部常具有一个长圆形的紫色斑点，两面无毛。花序单生于叶腋，基部具短柄，总苞狭杯状，外部具白色疏柔毛，腺体4，黄绿色，横椭圆形，边缘具白色附属物。蒴果三角状卵形，被稀疏柔毛，成熟时易分裂为3个分果爿。种子卵状四棱形，每个棱面具5个横沟。花果期4～11月。

分布特征：原产于北美；我国大部分地区有归化；绍兴地区各区（县、市）均有分布，极常见。生于路边、田边或荒地中。

图6-2　常见入侵植物（2）
A.大狼耙草；B.粉绿狐尾藻；C.南苜蓿；D.斑地锦

（十一）野老鹳草 *Geranium carolinianum* L.

分类信息：牻牛儿苗目 Geraniales，牻牛儿苗科 Geraniaceae，老鹳草属 *Geranium*

生物学特征：一年生草本。茎直立或仰卧，高20～60cm，密被倒向短柔毛。基生叶早枯，茎生叶圆肾形，掌状5～7裂近基部。花序腋生和顶生，呈聚伞花序，被倒生短毛和开展长腺毛，每花序梗具2花，萼片长卵形或近椭圆形，花瓣淡紫红色。蒴果长约2cm，被糙毛。

分布特征：原产于美洲；我国绝大部分地区有归化；绍兴地区各区（县、市）均有分布，极常见。生于路边、田边或荒地中。

（十二）空心莲子草 *Alternanthera philoxeroides* (Mart.) Griseb.

俗名：喜旱莲子草

分类信息：石竹目 Caryophyllales，苋科 Amaranthaceae，莲子草属 Alternanthera

生物学特征：多年生草本。茎基部匍匐，上部上升，节上生根。叶片常矩圆形，长2.5～5cm，全缘，几无毛。花密生，具总花梗的头状花序，苞片及小苞片白色，花被片矩圆形，白色。果实未见。花期5～10月。

分布特征：原产于巴西；我国南方各地及河北均有引种或归化；绍兴地区各区（县、市）均有分布，极常见。生于池沼、水沟边或湿地中。可作饲料。

（十三）垂序商陆 *Phytolacca americana* L.

俗名：美洲商陆

分类信息：石竹目 Caryophyllales，商陆科 Phytolaccaceae，商陆属 *Phytolacca*

生物学特征：多年生草本，高0.3～2.0m。根肥大，倒圆锥形。茎圆柱形，常红色。叶片椭圆状卵形，长9～18cm，两面光滑，无锯齿。总状花序顶生或侧生，长5～20cm；花梗长6～8mm；花被片5，白色；雄蕊、心皮及花柱通常均为10，子房绿色多褶皱。果序下垂,浆果扁球形,熟时紫黑色。花期6~8月,果期8~10月。

分布特征:原产于北美,归化于欧亚;我国东南各省广泛分布;绍兴地区各区(县、市)均有分布,较常见。生于荒地、路旁或田间。

(十四)紫茉莉 *Mirabilis jalapa* L.

俗名:胭脂花、粉豆花、夜饭花

分类信息:石竹目 Caryophyllales,紫茉莉科 Nyctaginaceae,紫茉莉属 *Mirabilis*

生物学特征:一至多年生草本。根肥粗,倒圆锥形,黑褐色。茎节稍膨大。叶片卵形或卵状三角形,全缘,两面均无毛。花常数朵簇生枝端;总苞钟形,5裂,果时宿存;花被紫红色、黄色、白色或杂色,高脚碟状,花午后开放,有香气,次日午前凋萎。瘦果球形,革质,黑色,表面具皱纹。花果期6~11月。

分布特征:原产于南美洲,广泛归化于世界温带至热带地区;我国东部各省广泛栽培于公园、路边和庭院,常逸生;绍兴有分布,少见。生于路边、荒地、屋旁。

(十五)土人参 *Talinum paniculatum* (Jacq.) Gaertn.

俗名:紫人参、假人参

分类信息:石竹目 Caryophyllales,马齿苋科 Portulacaceae,土人参属 *Talinum*

生物学特征:一年或多年生草本,全株无毛,高30~100cm,茎、叶、花均细小。主根粗壮,圆锥形,皮黑褐色。茎直立,纤细。叶互生或近对生,叶片稍肉质,倒卵形,长5~10cm,宽2.5~5.0cm,全缘,上部叶渐小。圆锥花序顶生或腋生,常二叉状分枝,花瓣粉红色或淡紫红色,雄蕊比花瓣短。蒴果近球形,种子多数,黑褐色,有光泽。花期6~8月,果期9~11月。

分布特征:原产于热带美洲,东南亚广泛栽培;我国华东、华南、华中等地有栽培,常逸生;绍兴地区各区(县、市)均有分布,较常见。生于沟边、石缝等阴湿地。

(十六)凤仙花 *Impatiens balsamina* L.

俗名:指甲花、急性子

分类信息:杜鹃花目 Ericales,凤仙花科 Balsaminaceae,凤仙花属 *Impatiens*

生物学特征：一年生草本，高60～100cm。茎直立，肉质，下部节常膨大。叶互生，叶片披针形，长4～12cm、宽1.5～3cm，边缘有锐锯齿，向基部常有数对无柄的黑色腺体，叶柄两侧具数对具柄的腺体。花单生或2～3朵簇生于叶腋，无总花梗，白色、粉红色或紫色；花梗长2.0～2.5cm，密被柔毛，子房纺锤形，密被柔毛。蒴果宽纺锤形，两端尖，密被柔毛。种子多数，圆球形，黑褐色。花期7～10月。

分布特征：原产于南亚至东南亚，世界栽培；我国各地庭院和公园广泛栽培，常见逸生。绍兴有分布，常见。生于路边、屋旁。

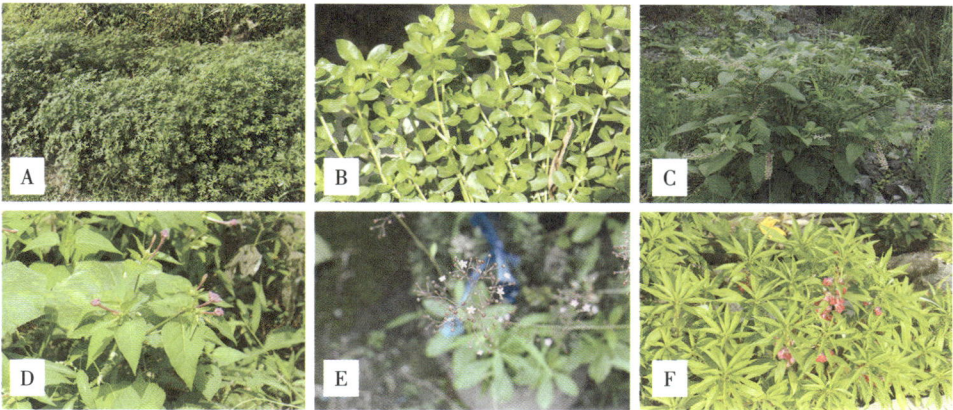

图6-3　常见入侵植物（3）

A.野老鹳草；B.空心莲子草；C.垂序商陆；D.紫茉莉；E.土人参；F.凤仙花

二、常见入侵动物

（一）巴西红耳龟 *Trachemys scripta elegans*

俗名：巴西龟

分类信息：龟鳖目Testudoformes，泽龟科Emydidae，彩龟属*Trachemys*

特征与危害：因其头顶后部两侧有2条红色粗条纹而得名，是100个全球最危险的入侵物种之一。在自然水域中，环境适应力强，生命力强，侵占本地物种栖息地。食性广且有较强的捕食能力，可捕食泥鳅、虾、青蛙、鱼、水栖昆虫、蛇类、水生植物、鸟卵、雏鸟等，给当地生物物种多样性带来威胁。繁殖能力较强，且能与本地龟进行杂交，导致本地龟优秀基因遭到污染。携带沙门菌，经过粪便、水资源等传播给恒温动物,危害人类健康。

入侵史:原产于巴西亚马孙河流域的热带雨林,后传入美国密西西比河流域。二十世纪七八十年代,经香港地区引入内地。由于巴西龟颜色艳丽、生命力顽强、营养和药用价值较高,此后30年内,其养殖业在海南、江苏、浙江、湖南、广东等沿海省份迅速壮大。其中,浙江巴西龟产量曾占全国的四成。在绍兴地区,由于宠物弃养、宗教放生等原因,再加上水网密布,河道纵横,食物丰富,给巴西龟的生长提供了良好环境,近几年陆续在绍兴的各大水系中出现了巴西龟的身影。

(二)牛蛙 *Rana catesbeiana*

分类信息:无尾目Anna,蛙科Ranidae,牛蛙属*Lithobates*

特征与危害:肉质细嫩鲜美、营养丰富,在制药、制革、饲料、农业、航天等领域多有应用。适应性强、养殖条件宽泛;耐运输、食性广、生长快、个体大、易养殖和养殖成本低而利润较高,使其养殖范围和规模迅速扩大。在自然水体中,牛蛙挤占了本土两栖动物的生存空间。可携带蛙壶菌,感染本土两栖动物,导致许多本土两栖类种群下降或局部灭绝,对生物多样性和生态系统造成严重危害。

入侵史:原产于美国落基山脉以东、加拿大东南等地区。1959年引入我国,直到20世纪80年代中期,牛蛙食性驯化的技术难关才得以攻克,而后逐渐推广。

(三)克氏原螯虾 *Procambarus clarkii*

俗名:小龙虾

分类信息:十足目Decapoda,螯虾科Cabaridae,原螯虾属*Procambarus*

特征与危害:在自然水体中,可与本土虾类产生强烈竞争,抢占本土虾类的栖息地,影响其生存和繁殖;捕食本土虾类的卵和幼虾,影响本土虾类的种群延续。克氏原螯虾性情凶猛且食性广,过量摄食自然水体中的水生植物和其他小型鱼虾类,从而改变水域原本的食物链。此外,克氏原螯虾会在田埂和堤坝挖洞,对防汛抗洪产生不利影响。

入侵史:原产自墨西哥北部和美国南部地区,于20世纪20年代从日本引入我国。由于其营养丰富且美味,近几年已逐渐成为大众最受欢迎的食品之一,克氏原螯虾的养殖近年来也得到了飞速发展。然而,由于其生长快、繁殖能力和抗病力强,现广泛分布在我国几乎所有类型的淡水栖息地。

(四)福寿螺 *Pomacea canaliculata*

分类信息:中腹足目Mesogastropoda,瓶螺科Ampullariidae,瓶螺属*Pomacea*

特征与危害：喜清洁、遮阴避光、食物充足的沟渠、溪流及水田等浅水区，或吸附于植物体，也可以离开水短暂生存。每年可产卵2400～8700个，孵化率高达90％，且每交配1次可连续产卵10多次，繁殖速度极快。同时，由于是外来物种，在亚洲地区缺少天敌，与本地的螺种类相比，具有更强大的竞争能力，因此扩散速度非常快，严重威胁到了水生贝类和水生植物的生存，从而破坏食物链的构成和原有的生态平衡。福寿螺是以植物性饵料为主的杂食性螺类，通过啃食水生植物的嫩叶和茎秆，严重危害水稻、蔬菜、慈菇、紫云英、甘薯、水仙花和兰花等作物。此外，福寿螺是多种寄生虫的中间寄主，烹饪方法不当、生食或未熟透食用，会对人类健康产生威胁。

入侵史：原分布于南美洲，20世纪80年代作为一种食用螺引入我国。但由于其肉质粗糙、口感不佳，而且是广州管圆线虫的中间寄主，遭到养殖户大量弃养，最终流入自然水体。现已遍布国内的南方地区，如四川、湖南、江苏、浙江、上海、云南、福建、广西、广东等地，并危害成灾。

（五）绿太阳鱼 *Lepomis cyanellus* Rafinesque

分类信息：鲈形目 Perciformes，棘臀鱼科 Centrarchidae，太阳鱼属 *Lepomis*

特征与危害：有较高的扩散能力和适应性，导致其在我国具有较快的扩散传播速度并能成功定居。在自然水体中，绿太阳鱼能捕食侵入水域其他鱼类及其卵、幼苗，严重影响当地原生鱼类的生存。随着全球气候的变暖，喜暖的绿太阳鱼有逐渐向高纬度、高海拔的山区溪流入侵的趋势。

入侵史：原产于美洲，主要分布于北美中部平原，包括墨西哥东北部和加拿大东南部。1999年作为观赏和游钓用鱼引入我国。

（六）红火蚁 *Solenopsis invicta* Buren

分类信息：膜翅目 Hymenoptera，蚁科 Formicidae，火蚁属 *Solenopsis*

特征与危害：有强大的侵略性、攻击性、适应性和繁殖能力，是世界公认的最具危险的外来入侵种之一。当遇到袭击时，红火蚁会将其毒囊中的大量毒液注入人的皮肤，致使人类被咬部位会出现刺痛感和烧灼感，随后出现水泡，最后形成脓包，少部分过敏体质人群甚至会出现休克。可捕食和攻击本地的地栖生物，导致其他蚂蚁种群或节肢动物的种群数量显著减少，甚至取食哺乳类、鸟类的幼雏，严重破坏原生态系统内的物种多样性和遗传多样性。可取食破坏农作物的根、茎和种子，导致农作物出苗率低，植株死亡，造成农作物大幅减产。此外，红火蚁经常在电器设备中筑巢，易造成设备短路，威胁到社会公共安全。

入侵史：原分布于南美洲巴拉那河流域，自 20 世纪 30 年代传入美国南部，随后逐步蔓延至全球。2003 年 9 月首次在我国台湾地区发现，2004 年 9 月在中国大陆采集并鉴定、确认红火蚁已经入侵。

（七）松材线虫 *Bursaphelenchus xylophilus*

分类信息：滑刃目 Aphelenchida，滑刃科 Aphelenchoidae，伞滑刃属 *Bursaphelenchus*

特征与危害：在自然条件下，松材线虫寄生在媒介昆虫松墨天牛体内，通过松墨天牛在健康松树上产卵而传播。松墨天牛从罹病木中羽化时携带松材线虫，在补充营养和产卵时传播到健康松树上，侵染新的健康松树。此外，也可以依靠带有松材线虫病的松木木材及其制品进行远距离传播。

入侵史：原产北美洲，在美国、加拿大和墨西哥有广泛分布。侵入亚洲和欧洲之后，由其导致的松材线虫病给当地的松树带来了灾难性影响。我国于 1982 年在南京中山陵首次发现松材线虫，之后扩散迅速。截至 2021 年 8 月，已扩散至 19 个省的 742 个县级行政区，发生面积近 171.65 万 hm^2，年均造成死树 2700 万株，是我国松林的头号"杀手"。

（八）扶桑绵粉蚧 *Phenacoccus solenopsis* Tinsley

分类信息：半翅目 Hemiptera，粉蚧科 Pseudococcidae，绵粉蚧（*Phenacoccus*

特征与危害：多食性昆虫，寄主范围广泛，能危害包括棉花、番茄、南瓜、番木瓜、向日葵和扶桑等 100 多种寄主植物。其若虫和雌成虫通过刺吸寄主植物嫩枝、叶片、花芽和叶柄等幼嫩部位的汁液为害。受害棉株生长势衰弱，生长缓慢或停滞，失水干枯，亦可造成花蕾、花、幼铃脱落；其分泌的蜜露诱发的煤污病可导致叶片脱落，严重时可造成棉株成片死亡。

入侵史：原产北美大陆。我国于 2008 年在广东首次发现，至今已扩散至浙江、广西等 17 个省（自治区）。

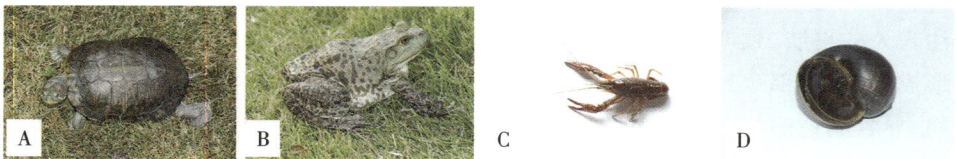

图 6-4　常见入侵动物
A.巴西龟；B.牛蛙；C.克氏原螯虾；D.福寿螺

第七章
劳动教育融入动植物野外实习课程的实践探索

2018年,在全国高校思想政治工作会议上,习近平总书记指出高校要"把思想政治工作贯穿教育教学全过程,实现全程育人、全方位育人"(人民日报,2018-09-11(1))。"三全育人"的本质在于培养德智体美劳"五育"全面发展的社会主义建设者和接班人。劳动教育是高等教育教学的重要方面,高校开展劳动教育,既是落实"三全育人"的重要载体,也发挥着"以劳树德,以劳增智,以劳强体,以劳育美,以劳创新"的关键作用。劳动教育的实践性特征,为德智体美劳的全面发展提供了有力的支撑。同时,"三全育人"为新时代高校劳动教育提供了理念指导。因此"三全育人"、"五育融合"和劳动教育,三者同向共融,服务于立德树人的总体目标,在培育时代新人中交相辉映,共同推进新时代人才强国战略。

2020年3月20日,中共中央、国务院发布《关于全面加强新时代大中小学劳动教育的意见》(以下简称《意见》),围绕更加有效地推进新时代劳动教育进行了顶层设计,高校劳动教育的重要性被提升到了新的高度。为进一步落实和细化《意见》精神,教育部印发《大中小学劳动教育指导纲要》(以下简称《纲要》),围绕在课程建设中更加突出劳动教育的重要地位提出了要求。《纲要》指出,应当加快探索设置专门性的劳动教育课程,完善劳动教育课程体系并纳入全面发展人才培养教育体系之中。为落实《意见》和《纲要》精神,许多高校先后推出劳动教育实施方案,在劳动教育内容和形式等方面进行了广泛而有益的探索,其中构建新时代高校劳动教育与专业教育深度融合的课程体系是重要着力点。

第一节　专业教育和劳动教育的融合

一、劳动教育的内涵

劳动教育是中国特色社会主义教育制度的重要组成部分,与学生的劳动价值取向、劳动精神面貌和劳动技能水平息息相关。劳动教育包括三个基本要素，即劳动价值观、劳动精神和劳动素养。劳动价值观是劳动者对劳动产生的价值判断。劳动精神是指劳动者对劳动的热爱程度和积极表现的品德。习近平总书记倡导孺子牛、拓荒牛、老黄牛的"三牛"精神，就是新时代劳动精神的集中体现。劳动素养是在生活、生产和教学等劳动相关过程中形成的素养，包括劳动习惯，劳动知识、技能和能力等。劳动过程涉及手、脑、劳动工具和面对真实现象等四个重要因素。苏霍姆林斯基指出，"劳动教育最重要的特征就是脑力劳动和体力劳动的结合"。因此劳动教育的目标就在于促进手和脑的协调发展。高等教育阶段的劳动教育区别于中小学劳动教育的主要特征，是实施真实性、探索性或创造性劳动。高等学校劳动教育要结合学科专业的特色和发展，以实习实训、专业服务等形式为载体，应用新知识、新方法、新技术，增强学生辛勤劳动、诚实劳动意识，提升学生创新创业能力。因此在专业教学中，通过设置动手操作和动脑思考相结合的教学环节，如实验、实习、实训课程和田野调查等综合性和创新性劳动实践活动，实现劳动育人目标。

二、劳动教育存在的问题

当前劳动教育的实施存在"四化"现象，即窄化、弱化、异化、物化。"窄化"，即将劳动教育等同于劳动技术教育、通用技术教育、综合实践活动等，对劳动教育的专门属性认识不足，导致学校劳动教育内容不明晰、师资培养跟不上、教育统筹力度缺乏；"弱化"，是指将劳动教育沦为智育的附庸，课时很难保证，缺少对劳动教育的时间、空间与资源的专门统筹安排，导致学校劳动教育时间不足，劳动教育课程、活动系统、经费投入有限；"异化"，认为智育课程学习本身就是一种"脑力劳动"教育，参加一些动手操作、社会实践等"体力劳动"就算是劳动教育，直接影响专门的场地改造、资源配置配套、运行机制的建设；"物化"，过于强调通过劳动去获取"物化"的东西，缺乏对劳动成果珍惜、劳动价值体悟等精神层面的分享、引领乃至内化，影响学生对劳动的正确认识以及其与学生未来职业生涯可持续发展的关联。"四化"从不同角度概括了劳动教育在具体实施中所遭遇的困境。因此也可以将劳动教育的现实困境概括为"劳动教育中脑力和体力的分离、劳动与教育的分离、劳动与实践理性的分离"。高校劳动教育同样存在劳动方式方法过于简单、劳动内容表层化、与中小学劳动教育同质化等问题。因此，创新劳动教育实施路径是落实劳动教育和解决劳动教育实施困境的关键。劳动教育融合专业教育是当前高等教育的重要发展趋势，但劳动教育融入专业课程也存在一些亟待解决的问题,如与时代发展结合不够密切,专业课程与劳动教育融合不充分,和学生发展特点不匹配等。

三、专业教育融合劳动教育的必然性

劳动教育是教育体系的有机组成部分,开展劳动教育需要专业教育作为载体。古人云"纸上得来终觉浅,绝知此事要躬行"。专业教育中融入劳动教育既是高等教育的重要发展趋势,也是素质教育的时代要求。高等教育中,劳动教育的重要性没有引起足够重视,与劳动教育的实施不相匹配,主要表现为劳动教育的观念未与时俱进、劳动形式单一和劳动资源缺乏,与专业性、创造性劳动需求存在较大差距。专业教育具有显性技能培养功能,在高校的专业课和社会实践中,处处蕴含着劳动教育的元素,为开展劳动教育提供了有利条件。劳动教育具有隐性教育功能,通过与德育相融合,可以培养学生正确的劳动价值观。劳动教育和专业教育在培养目标、培养方式、评价体系、教育资源共享等方面具有高度的相关性,因此将劳动教育与专业教育相融合是高校实施劳动教育的有效途径。在专业课程建设中融入劳动元素,可以春风化雨般地促进学生脑力与体力的结合,有机渗透劳动教育的三个基本要素。两者的结合既可以丰富专业教育的教学形式,也可以使劳动教育通过结合专业知识和技能,满足创造性劳动的时代要求。

四、动植物野外实习融入劳动教育的效果和意义

在专业课程学习中融入劳动教育元素,一方面为理科专业课程挖掘思政元素提供新的切入点,可以引导学生以劳树德;另一方面可以鼓励学生在专业劳动实践中,创造性地分析问题、解决问题,培养创新意识和创新能力,引导学生以劳促创。大学生正确的劳动价值观既影响在学期间的学习和生活,也影响到就业倾向、价值取向、社会责任等方面的精神特质。本校在生物科学和科学教育两个专业开设动植物野外实习课程,在动植物野外实习中融入劳动教育,有利于培养生物科学学生的创新思维和提高创新能力。科学教育学生作为未来的教育工作者,需要有更高的劳动素养,才能更好地通过劳动教育来培养中小学生的创新思维和创新能力。融入野外实习过程中的真实性和创造性的劳动教育,是培养德智体美劳全面发展的生命科学创新型人才的有效途径。

第二节　劳动教育融入动植物野外实习课程的教学设计和实践

劳动教育可以通过四个途径实施:独立开设劳动教育课程、专业课程中有机渗透劳动教育、课外活动中安排劳动实践、校园文化建设中突出劳动文化。根据《意见》要求,高校需要在人才培养各个环节融入劳动教育,劳动教育内容和方式需与专业紧密结合,体现专业特色。专业劳动教育可以体现在专业课程、专业实训和实践活动中。高校的实践教育和劳动教育都具有实践性和专业性,还具有共同的人才培养目标,即培养学生将专业知识和社会实践相结合的能力,培养学生正确的劳动观和实践创新精神。"生物学野外实习"是生物科学、科学教育等相关专业的重要实践教学环节,涉及大学生能力培养的多个方面。生物学野外实习作为实践教学课程,蕴含大量的劳动资源和劳动元素。本章节以劳动教育融入生物学野外实习课程为例,从课程目标、实习内容和模式、实习考核等方面完善课程设计,探讨劳动教育与专业教育、实践教学等有机结合的对策和途径。

一、劳动教育深度融入授课内容,课程目标增加劳动育人目标

大学生是高校实施劳动教育的主要对象,同时也是进入社会后践行劳动教育理念的行动主体。生物学野外实习需要学生冒着酷暑,在条件艰苦的实习基地完成野外调查和标本采集等任务,因此将劳动育人纳入课程目标中,在野外实习过程中充分挖掘劳动元素,将劳动教育与专业技能学习相结合,一方面可以帮助学生深刻了解新形势下劳动条件与劳动技术的发展,形成正确的劳动观;另一方面,可以帮助学生形成乐观、积极、向上的人生态度,实现以劳育人的目标。因此本课程的素质目标包含了劳动教育的内容,通过在生物学野外实习课程中融入劳动教育,让学生在劳动中发展自己,树立正确劳动价值观、培养优良劳动品质、提升综合劳动能力、实现全面成长发展,从而做到"懂劳动、会劳动、善劳动、爱劳动"。

二、改变教学模式,挖掘专业劳育元素

劳动教育分日常生活劳动、生产劳动和服务性劳动等三类劳动形式(图7-1),劳动教育内容包括三类劳动涉及的劳动知识、劳动技能和劳动价值观。生物学野外实习具有实习时间季节性强、实习条件艰苦、实践强度大等特点。因此,在

图 7-1　不同类型劳动教育
A.生活劳动；B.生产劳动；C.服务性劳动

每一个实习环节中,通过深度挖掘和渗入劳育元素,采用项目式学习(Project-based learning,PBL)(表7-1),设置不同形式的劳动实践环节,将动植物野外实习课程教学模式打造成"专业教育＋劳动实践"相结合的实践教学模式。项目式学习,即根据某一特定目标提出一个驱动性问题,其本质是完成一项具体的任务。劳动教育中的项目式学习包括四个关键环节:创建真实的驱动性问题(driving questions);设计学习实践,引导学生深度探究和合作(learning practice);注重学生的成果导向(achievement orientation);提倡多元评价(multiple evaluation)。因此在生物学野外实习中实施劳动教育要保持目标、实践、成果和评价的一致性。

表7-1　生物学野外实习中的劳动教育

劳动教育类型	项目式学习劳动实践环节	劳动育人效果
日常生活劳动	自制防中暑凉茶	培养学生艰苦朴素、团结协作、热爱劳动的传统美德
	包饺子、烹饪比赛	
生产劳动	标本采集制作	培养学生尊重科学、热爱专业、吃苦耐劳、不畏艰辛的劳动意识
	果树修枝和嫁接	
	溪流鱼(光唇鱼)人工繁殖	
服务性劳动	景区、村庄、古道周边名贵树木鉴定	尊重劳动成果,增强服务意识,培养人与自然和谐相处的理念
	标本展示和生物多样性保护宣传	

(一)日常生活劳动

生物学野外实习一般安排在暑期,在山林、田野、库区进行,实习期间吃、住、行等条件均十分艰苦。为丰富和调节艰苦的实习生活,可以在实习期间适时开展日常生活劳动,包括小组间轮流分菜洗碗、轮流打开水、包饺子、烹饪比赛、研制防中暑凉茶等活动。比如开展小组间轮流分菜洗碗活动:鉴于实习基地的后勤工作人员有限,安排学生在中餐、晚餐时帮忙分菜和洗碗,男同学负责分菜、整理饭桌,女同学负责洗碗。在实习结束最后一天安排学生包饺子活动:学生分组学习包饺子、做包子及其蒸、煮、煎等多种烹饪做法。分组研制防中暑凉茶比赛:为适应高强度的野外生态调查和动植物标本采集实践,预防中暑,组织学生结合药用植物(如:具有芳香化湿、醒脾开胃、发表解暑的六月霜、佩兰等)的防暑功效,研制防中暑凉茶。通过这些日常生活劳动教育,既培养了学生的生活技能,活跃了实习生活的气氛,又可以培养学生艰苦朴素、团结协作、热爱劳动等基本素养,提高学生学以致用的能力,使学生享受到自己的劳动成果,感受到劳动带来的成就感。这些不同形式的日常生活劳动通过教师评价和组间互评进行考核评价。

(二)生产劳动

生物学野外实习的内容主要包括物种采集,标本制作、识别和鉴定以及野外生物多样性调查等,实习过程是体力劳动和脑力劳动紧密结合的过程,也是专业学习和生产劳动紧密融合的过程。在野外实习过程中的劳动教育可以采用研究性课题项目式学习模式。项目式学习是一种以学生为中心的新型教学方式,以具体项目为教学主线实施课堂教学或实践教学。学生以2~4人小组为单位,在完成标本采集和制作、生态调查、观察和测量等各项实习任务的基础上,开展研究性课题项目(详见第五章 野外实习中的项目化研究性学习)。每小组根据课题要求在野外实习期间收集一手资料和数据,在实习结束后,经过资料查阅、小组讨论,最后形成研究性实习报告,并对实习成果和科研成果进行汇报。这种研究性课题项目式学习模式,既可以培养学生创新思维能力,又可以培养学生吃苦耐劳和团队协作精神。

基于实习基地天姥山盛产蓝莓、水蜜桃、柑橘、猕猴桃、葡萄等多种水果,光唇鱼、宽鳍鱲、马口鱼等溪流鱼类资源丰富的现状,实习期间组织学生以小组为单位进行植物学和动物学相关的生产性劳动实践。比如在专业老师和果农的指导下,进行水蜜桃、葡萄和蓝莓等果树修枝和嫁接劳动。组织学生参观新昌溪流鱼光唇鱼(俗称石斑鱼)苗种场,了解光唇鱼人工养殖及其苗种产业发展概况;学习鱼类人工繁殖原理,参加鱼类人工繁殖操作技能培训等活动。

通过这些生产性劳动教育,一方面让学生基本掌握了果树修剪和嫁接、鱼类人工繁殖的专业技术;另一方面培养了学生尊重科学、尊重劳动的意识。

(三)服务性劳动

实习期间,我们鼓励学生学以致用,开展服务性劳动,包括给古树名木制作铭牌,进行野生动植物保护宣传活动等。在植物野外识别过程中,引导学生对实习基地周边景区、村庄和古道边的名贵树木进行分类鉴定,并制成简易分类铭牌,为周边群众普及古树名木的知识,提高群众保护古树名木的意识。为减少标本采集对实习基地的生态环境和野生资源造成的破坏,我们鼓励学生采用录像和照片形式制作成电子标本,对标本进行观察、分析和鉴定,同时将电子标本充实到标本数据库。实习结束后,结合国际生物多样性日(每年5月22日)、世界野生动植物日(每年3月3日)、全国爱鸟周等特殊日子,利用标本室的实物标本和数据库内的电子标本,在校园和广场举办"野生动植物多样性保护宣传"活动,提高普通民众和学生保护生物多样性的责任意识。

生物学野外实习过程中,通过组织学生参加不同形式的日常生活劳动、生产性劳动和服务性劳动实践,可以提升学生的劳动技术与能力,培养学生辛勤劳动、诚实劳动、创造性劳动的劳动素养。

三、多元考核评价,检验劳动育人成果

考核评价具有检验、督促和改进功能。大学生的劳动教育需要培养他们的劳动态度、劳动习惯、劳动技能和劳动品德,因此生物学野外实习融合劳动教育的评价应采用多元考核评价方式,包括过程性评价和总结性评价相结合;多维度评价指标,包括劳动认知评价、态度评价、成果评价等;多主体评价,从不同角度对学生的劳动过程和结果进行评价,包括教师评价、学生自评和互评。服务性劳动实践效果也包括公众评价等。

应用型本科高校往往以服务地方或区域经济建设和社会发展为办学定位,致力于培养符合地方经济社会发展需要的高层次应用型人才,注重培养学生解决实际问题的实践能力。因此,应用型本科高校更加迫切地需要探索实施劳动教育的有效途径。将劳动教育融入动植物野外实习课程的实践探讨,可以为应用型本科高校劳动教育模式提供素材和思路。

第八章
虚拟仿真在生物学野外实习中的应用

　　"生物学野外实习"作为生命科学相关专业学生的专业基础课,是动物学、植物学、生态学、微生物学等课程的实践教学环节。生物学野外实习既是教学活动,又是锻炼学生的过程,不仅能巩固和提高学生的专业知识,培养学生的实践创新能力,陶冶学生热爱大自然的情操,也能培养学生的吃苦耐劳和团队协作精神。因此,生物学野外实习是新时代大学生践行习近平生态文明思想和"两山理论"的有效途径,在培养生命科学学科高素质创新型人才中发挥着重要作用。

　　虚拟仿真实验教学综合应用虚拟现实、多媒体、人机交互、数据库以及网络通信等技术,通过构建逼真的实验、实习操作环境和对象,使学生在开放、自主、交互的虚拟环境中开展高效、安全且经济的实验、实习,进而达到真实实验实习难以实现的教学效果,并对传统的实验实习教学思想、体系和模式产生了颠覆性的影响。目前,全国已建成300多个国家级虚拟仿真实验教学中心及400多项国家虚拟仿真实验教学项目。生物学野外实习传统教学容易受物候、天气、师资、教学学时、动植物资源等因素影响,难以实现"一对一"指导,同时采集标本不利于生物多样性和环境保护。因此,将现代教学技术融入野外实习中解决传统生物学野外教学实习中存在的诸多问题,已迫在眉睫。本研究在充分发挥野外实习沉浸式体验教学的基础上,将三维全景虚拟仿真实验技术融入野外实习中,通过构建实践前导学习、野外现场教学和实践后线上总结评价等环节,形成线上线下混合式实践教学体系,以此提高学生实习质量,增强学生环境友好、生态文明意识。

一、生物学野外教学实习的基本情况与存在问题

(一)生物学野外实习的概况

　　绍兴文理学院生命科学学院野外实习基地位于浙江省天姥山,其地理位置

独特、自然环境优越、生物多样性丰富,是绍兴地区生物学基础科学研究与教学人才培养的重要基地。绍兴文理学院生命科学学院从1987年开始实施生物学野外实习,历经35年的建设与发展,现已形成完整的野外实习教学体系,每年完成生物科学专业和科学教育专业100余人的野外实习教学任务。野外实习的主要任务是通过野外系统的训练,使学生理论联系实际,加深对动植物分类学、生态学和野外调查等知识的理解和认识。同时培养学生吃苦耐劳、团结合作的精神以及实事求是、科学严谨的工作态度。

(二)传统生物学野外实习存在的问题

我们发现在野外实习课程的教学实践中存在下列突出共性问题:①容易受到物候、天气、动植物资源等外界因素的影响;②野外实习的课时紧张,同时需要师生在固定合适的时间段一起参与,需要配备足够数量的理论与实践经验均较丰富的教师才能保障教学工作正常进行;③对自然生物资源的开发利用方式即知识的实践应用缺少了解和实践等。在野外实习中也存在一些急需解决的个性问题:①学生对物种分类地位的系统性即知识的整体性认识模糊;②对物种科、属和种鉴别的关键形态特征即知识的重点与难点不易甄别和应用;③对物种的形态结构特征、地理生态分布、生态系统适应性三者的有机统一性关系即知识的交叉融合缺乏深入的理解与认识。

二、生物学野外实习虚拟仿真系统的构建

(一)实习基地典型生态系统的选择及其生物多样性调查

不同生态环境条件下,动植物分布的状况差异很大。绍兴文理学院生命科学学院野外实习基地位于新昌县天姥山山脉沃洲湖附近,属亚热带季风气候,南侧为侏罗纪火山碎屑岩,北侧为第三纪紫色砂砾岩,海拔高差超过800m,生物多样性很高,是理想的野外实习场所。根据不同的生境,选取若干个节点,主要生态类型为农田溪流生态、常绿阔叶林生态和高山针叶阔叶混合林生态,对不同节点进行摄像、照片采集等。结合历年野外实习积累的动植物照片和标本,我们进行整理归类,补充不足的数据,如补充植物花期和果期的照片、补充典型昆虫的生活史等,为生物学野外实习虚拟仿真平台的开发和完善准备素材。

（二）生物学野外实习虚拟仿真系统的主要内容

生物学野外实习虚拟仿真系统主要内容包括五个模块（图8-1）：野外实习概况、典型生态系统及其生物多样性、动物标本制作与物种的分类鉴定学习、电子标本数据库与物种鉴定考核、考核评价与实习成果展示。

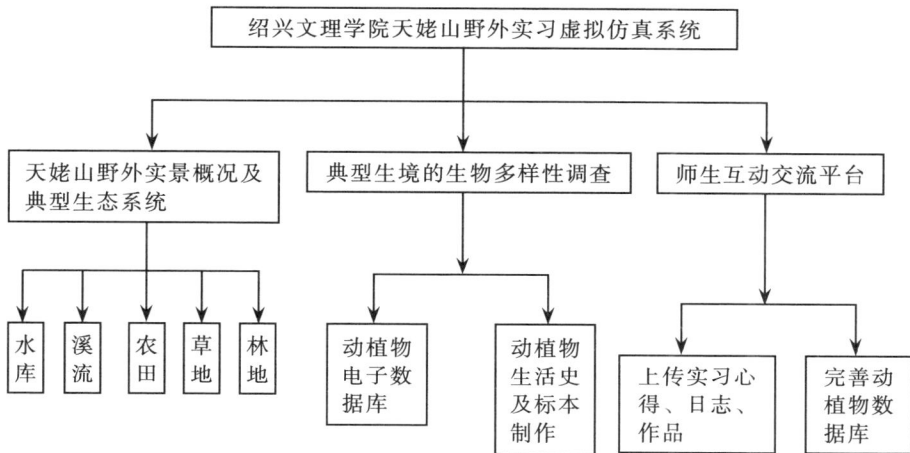

图8-1　野外实习虚拟仿真建设的平台内容

1.实习基地地理位置、生态类型等野外实习概况的前导性介绍

以互联网电子地图、航拍全景和实习线路实景拍摄相结合介绍实习基地，包括从绍兴市曹娥江至天姥山山脉（新昌县）的地理位置、地质地貌、气候特征、主要生态类型（农田溪流生态、常绿阔叶林生态和高山针阔叶混合林生态）和生物多样性等概况（图8-2）。学生可以按生态类型构建虚拟动植物群落和不同路线，自由选择实习场景，选择想要查看的点位。点位分布着各种动物和植物，选择想要查看的动物或植物，直接点击，可查看对应的动物或者植物的信息，包括中文名、拉丁文名、形态特征等。

图 8-2　基于 VR 的野外实习前导性介绍

A.主要生态类型；B.不同的实习路线；C.动物和植物分布点位；D.物种简介

2.典型生态系统及其生物多样性

　　在天姥山山脉中选取水库、溪流、农田、草地和林地等不同的生态系统类型，每种生态类型以实景影像或 360°AR(增强现实)场景的形式进行展现，每种生态类型中设置若干种典型动植物物种介绍。链接的特定物种通过文字、图片、3D 模型和视频等形式进行介绍。动物包括昆虫纲 10 种、鱼纲 5 种、两栖纲 5 种、爬行纲 5 种、鸟纲 5 种，兽类 3 种，贝类 3 种，合计不少于 40 种，其中全生活史记录物种不少于 7 种(昆虫纲完全变态、半变态、渐变态各 1 种；鱼纲溪流性鱼类 1 种；两栖纲 1 种，爬行纲 1 种；鸟纲 1 种)。植物包括蕨类植物、裸子植物、单子叶植物和双子叶植物不少于 40 种，其中全生活史呈现兰花、高山杜鹃、特色中药材植物等不少于 10 种特色物种。学生可利用电脑或手机进行在线浏览和学习(图 8-3)。如蛛形纲代表物种——拟环纹豹蛛生活史；昆虫纲完全变态发育代表物种——柑橘凤蝶生活史；昆虫纲渐变态代表物种——东亚飞蝗生活史；绍兴传统特色观赏植物——兰花生活史；绍兴特色经济裸子植物——香榧生活史；入侵植物代表物种——加拿大一枝黄花生活史；高海拔被子植物代表物种——高山杜鹃生活史；浙江道地中药材代表物种——白术生活史。

图8-3　典型动植物生活史

3.动植物标本制作与物种的分类鉴定学习

该部分有哺乳动物、昆虫标本、植物压制标本的制作方法和过程的视频,学生可以通过手机端和PC端学习动植物标本制作方法(图8-4)。同时,记录了实习基地内野外常见物种的分类特征,学生输入物种名称检索后便可展现物种分类地位、特征的文字、图片、3D模型和视频等资料。

图8-4　动植物标本制作

4.电子标本数据库与物种鉴定考核

学生可以在电子标本管理平台上传动植物标本的文字介绍、图片和视频材料,教师可以对学生提交的电子标本进行批改、审核、退回等操作,完善的电子标本资料纳入数据库。教师可以随机从电子标本数据库中筛选出30种动物、30种植物的图片、视频(或3D模型)资料对学生进行物种鉴定考核。

5.学生项目书的管理和上传

学生可以在电子标本管理平台上传学生科研报告,教师可以对学生提交的作品进行批改、审核、退回等操作,完善的项目书的相关资料纳入数据库管理。

三、野外实习线上、线下混合教学的新模式的应用和评价

基于虚拟仿真的野外实习线上线下混合教学模式由三阶段组成(图8-5),包括实习前的前导学习、野外现场教学和实习后的总结考核。

学生在实习前利用该系统进行前导性学习,全面了解实习环境、典型生态类型、生态学野外研究方法等,做到实习前心中有数、实习目标明确;野外实习过程中,在野外沉浸式体验教学的基础上,学生可利用虚拟实习系统回放观看、把握关键,模拟操作、掌握要领,也可通过考试模式考查自己的学习情况;实习结束后,随时随地通过线上访问进行复习,同时可以上传实习总结、心得和日志,完善电子标本数据库。

生物学野外实习虚拟仿真教学系统,虚拟场景真实,动植物模型逼真,使学生有身临其境的感觉。学生通过网络平台访问该系统,随时随地学习和了解绍兴地区动植物多样性及野外工作方法,减少时空、天气、物候、野生动植物资源对野外实习的不利影响;弥补因教学学时、经费、师资等因素的限制,以及学生在野外学习时间过少、学习不充分的不足。野外现场教学结合虚拟仿真系统,线上、线下虚实结合,为学生掌握生物学相关知识及野外工作方法提供有力保障,能有效提升学生对物种分类地位的系统性认识,加深学生对物种科、属和种鉴别的关键形态特征的理解。通过学生的实习成绩、平时表现、虚拟仿真系统的使用频率及上传的作品和照片数量等指标来综合评价该线上线下混合教学的新模式,总结新模式下教学的经验,不断完善该虚拟仿真系统和数据库。

```
┌─────────────────────────────────────────────────────┐
│     基于虚拟仿真的野外实习线上线下混合教学设计和实践     │
└─────────────────────────────────────────────────────┘
          虚              实+虚              虚
┌──────────────┐    ┌──────────────┐    ┌──────────────┐
│  实践前的前导学习  │ → │   野外现场教学   │ → │   实习后的总结   │
└──────────────┘    └──────────────┘    └──────────────┘
       ↓                   ↓                   ↓
┌──────────────┐    ┌──────────────────┐  ┌──────────────┐
│①野外实习基地概况 │    │①野外现场教学       │  │①实习作品、心得 │
│②沉浸式虚拟三维场景│ → │②移动端虚拟仿真系统辅助教学│  │  的发布      │
└──────────────┘    │  （生态系统类型、动植物的│  │②辅助完善动植物 │
                    │  数据库、生活史等）    │  │  数据库      │
                    │③虚拟仿真辅助动植物种鉴 │  └──────────────┘
                    │  定考核           │
                    └──────────────────┘
```

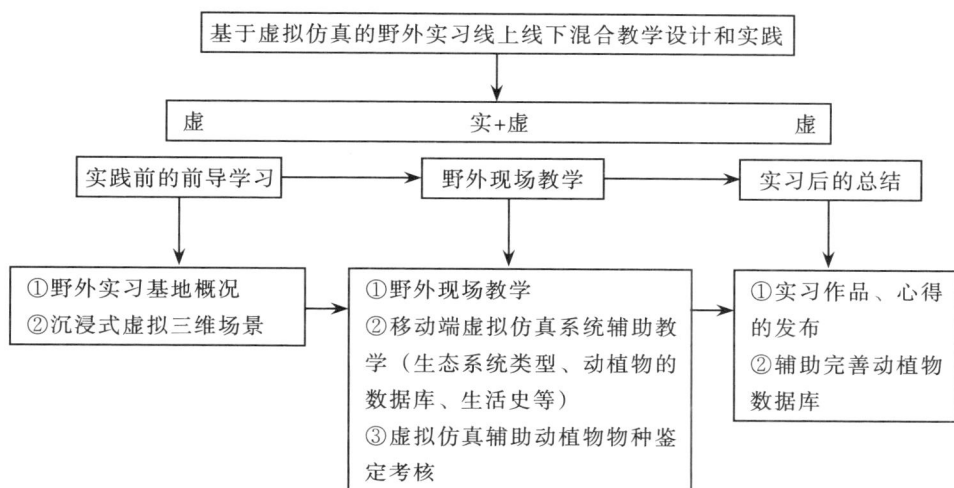

图 8-5　基于虚拟仿真的野外实习线上线下混合教学模式

四、结　语

　　野外实习是生物类专业本科生必修的实践教学课程,既是教学活动,又是锻炼学生的过程,在培养生命科学学科高素质创新型人才中发挥着重要作用。把虚拟仿真教学与野外实习有机地整合,进行"线上＋线下"的混合式教学实践,既能延伸课堂教学、拓展实习空间和时间,也能提高生物学野外实习的教学质量,推动高素质、创新型人才的培养。

参考文献

[1] Blackburn TM, Bellard C, Ricciardi A (2019). Alien versus native species as drivers of recent extinctions[J]. Front Ecol Environ, 17:203-207.

[2] Callaway RM, Aschehoug ET (2000). Invasive plants versus their new and old neighbors: A mechanism for exotic invasion[J]. Science, 290:521-523.

[3] Callaway RM, Ridenour WM (2004). Novel weapons: Invasive success and the evolution of increased competitive ability [J]. Front Ecol Environ, 2: 436-443.

[4] Callaway RM, Thelen GC, Rodriguez A, et al. (2004). Soil biota and exotic plant invasion[J]. Nature, 427:731-733.

[5] Catford JA, Jansson R, Nilsson C (2009). Reducing redundancy in invasion ecology by integrating hypotheses into a single theoretical framework[J]. Divers Distrib, 15:22-40.

[6] Diagne C, Leroy B, Vaissière AC, et al. (2021). High and rising economic costs of biological invasions worldwide. Nature, 592:571-576.

[7] Dong LJ, Yang JX, Yu HW, et al. (2017). Dissecting *Solidago canadensis* - Soil feedback in its real invasion[J]. Ecol Evol, 7:2307-2315.

[8] Dong LJ, Yu HW, He WM (2015). What determines positive, neutral, and negative impacts of *Solidago canadensis* invasion on native plant species richness? [J]. Sci Rep, 5:16804.

[9] Elton C (1958). The ecology of invasions by animals and plants[M]. Chicago: University of Chicago Press.

[10] Fantle-Lepczyk JE, Haubrock PJ, Kramer AM, et al. (2022). Economic costs of biological invasions in the United States[J]. Sci Total Environ, 806: 151318.

[11] Gu DE, Yu FD, Yang YX, et al. (2019). Tilapia fisheries in Guangdong Province, China: Socio-economic benefits, and threats on native ecosystems and economics. Fish Manag Ecol, 26: 97-107.

[12] Helmus MR, Mahler DL, Losos JB (2014). Island biogeography of the Anthropocene[J]. Nature, 513: 543-546.

[13] Hickman CP Jr, Roberts LS, Larson A (2001). Integrated Principles of Zoology, 11th ed[M]. New York: McGraw-Hill.

[14] Lau JA, Schultheis EH (2015). When two invasion hypotheses are better than one[J]. New Phytol, 205: 958-960.

[15] Liu X, Blackburn TM, Song T, et al. (2020). Animal invaders threaten protected areas worldwide[J]. Nat Commun, 11: 2892.

[16] Enders M, Havemann F, Ruland, F, et al. (2020). A conceptual map of invasion biology: Integrating hypotheses into a consensus network [J]. Global Ecology and Biogeography, 29(6): 978-991.

[17] Meng YH, Geng XZ, Zhu P, et al. (2022). Enhanced mutualism: A promotional effect driven by bacteria during the early invasion of Phytolacca Americana[J]. Ecol Appl, e2742: 1-16.

[18] Mooney HA, Cleland EE (2001). The evolutionary impact of invasive species [J]. Proc Natl Acad Sci USA, 98: 5446-5451.

[19] Nelson JS, Grande TC, Wilson MVH (2016). Fishes of the World (Fifth edition)[M]. New York: John Wiley & Sons.

[20] Pejchar L, Mooney HA (2009). Invasive species, ecosystem services and human well-being[J]. Trends Ecol Evol, 24: 497-504.

[21] PPG I (2016). A community-derived classification for extant lycophytes and ferns[J]. Journal of Systematics and Evolution, 54(6): 563-603.

[22] Pyšek P, Hulme P E, Simberloff D, et al. (2020). Scientists' warning on invasive alien species[J]. Biol Rev, 95: 1511-1534.

[23] Richardson DM, Allsopp N, D'Antonio CM, et al. (2000). Plant invasions - The role of mutualisms[J]. Biol Rev, 75, 65-93.

[24] Richardson DM, Pyšek P (2008). Fifty years of invasion ecology - the legacy of Charles Elton[J]. Divers Distrib, 14: 161-168.

[25] Skora F, Ablihoa V, Padial AA, et al. (2015). Darwin's hypotheses to explain colonization trends: Evidence from a quasi-natural experiment and a new conceptural model[J]. Divers Distrib, 21:583-594.

[26] Su G, Logez M, Xu J, et al. (2021). Human impacts on global freshwater fish biodiversity[J]. Science, 371:835-838.

[27] The Angiosperm Phylogeny Group (2016). An update of the Angiosperm Phylogeny Group classification for the orders and families of flowering plants: APG IV. Botanical Journal of the Linnean Society, 181(1):1-20.

[28] Volery L, Jatavallabhula D, Scillitani L, et al. (2021). Ranking alien species based on their risks of causing environmental impacts: A global assessment of alien ungulates[J]. Glob Change Biol, 27:1003-1016.

[29] Yang Y, et al. (2022). Recent advances on phylogenomics of gymnosperms and a new classification[J]. Plant Diversity, 44(4):340-350.

[30] Yu HW, He YY, Zhang W, et al. (2022). Greater chemical signaling in root exudates enhances soil mutualistic associations in invasive plants compared to natives[J]. New Phytol, 236(3):1140-1153.

[31] 艾兴，李佳(2020).新中国中小学劳动教育课程设置：演变、特征与趋势[J]. 教育科学研究,1:18-24.

[32] 白庆笙,王英永(2007).动物学实验[M].北京:高等教育出版社.

[33] 鲍毅新,胡仁勇,邵晨,等(2011).生物学野外实习[M].杭州:浙江大学出版社.

[34] 彩万志,庞雄飞,花保桢,等(2011).普通昆虫学[M].北京:中国农业大学出版社.

[35] 蔡亚军,任岗(2018).绍兴鱼类图鉴[M].杭州:浙江科技出版社.

[36] 曹昀,朱悦,祁闯,等(2014).庐山植物地理野外实习存在的问题及对策[J].实验技术与管理,31(7):166.

[37] 常家传,马金生,鲁长虎编,等(1998).鸟类学[M].哈尔滨:东北林业大学出版社.

[38] 崔增辉(2021).高校劳动教育课程建构中"三全育人"途径探索[J].安阳师范学院学报,3:152-156.

[39] 杜素洁,郭建洋,赵浩翔,等(2023).近十年我国入侵生物预防与监控研究[J].植物保护,49(5):410-418.

[40] 杜元宝,涂炜山,杨乐,等(2023).外来入侵脊椎动物对生物多样性危害的研究进展[J].中国科学,53(7):1035-1054.

[41] 方少卿(2007)."基于项目开发的研究性学习"教学模式探索[J].铜陵职业技术学院学报,3:74-76.

[42] 傅承新,邱英雄(2022).植物学,第2版[M],杭州:浙江大学出版社.

[43] 高巍,高艳(2022).项目式学习:劳动教育实施的创新路径[J].教师教育学报,9(2):85-92.

[44] 何虎军,杨兴科,焦建刚,等(2022).野外地质实习虚拟仿真实验教学平台建设与思考[J].教育教学论坛,2:146-149.

[45] 杭州鸿森林业调查规划设计有限公司(2022).新昌天姥山重点区域动植物资源调查报告.

[46] 何磊,于明坚,丁平(2020).生态学研究型野外实习的设计与实践[J].生物学杂志,37(6):112-115.

[47] 黄诗盏(2013).动物生物学实验指导[M].北京:高等教育出版社.

[48] 金晓芳,张琪,王华梅,等(2023).生物学野外实习物种鉴定能力培养体系的构建[J].实验室研究与探索,8:219-224.

[49] 雷虹,朱同丹(2020).以学生为中心视域下高校劳动教育的意蕴解读及路径选择[J].黑龙江高教研究,38(3):134-138.

[50] 李春林,张保卫(2020).基于研究性项目的生态学野外实习模式探索[J].玉林师范学院学报,41(3):122-125.

[51] 李德铢(2018).中国维管植物科属词典[M].北京:科学出版社.

[52] 李珂(2019).行胜于言:论劳动教育对立德树人的功能支撑[J].教学与研究,5:96-103.

[53] 李明德(2011).鱼类分类学(第二版)[M].北京:海洋出版社.

[54] 李勇,林志,刘晶,等(2023).生物学野外综合实习多元化教学体系的构建[J].实验室研究与探索,8:211-213.

[55] 林克松,熊晴(2020).走向跨界融合:新时代劳动教育课程建设的价值、认识与实践[J].湖南师范大学教育科学学报,19(2):57-63.

[56] 林巧贤,闫霖,林桂如,等(2019).一种腊叶标本快速干燥方法的研究[J].安徽农学通报,25(23):146-148.

[57] 刘成柏,许月,李全顺,等(2017).基于生物学野外综合实习的"拔尖人才"科研素质培养[J].实验技术与管理,34(9):12.

[58] 刘茂祥(2020).基于实践导引的中小学劳动教育评价研究[J].教育科学研究,2:18-23.

[59] 刘凌云,郑光美(2010).普通动物学实验指导[M].北京:高等教育出版社.

[60] 刘绍俊(2019).浅谈植物标本的制作与保存技术[J].医学食疗与健康,18:214-215.

[61] 刘少克,李晓龙(2015).基于项目导向的研究性教学模式探索[J].教育教学论坛,36:114-115.

[62] 鲁长虎,费荣梅(2003).鸟类分类与识别[M].哈尔滨:东北林业大学出版社.

[63] 卢晓东,曲霞(2020).大学劳动教育课程框架、特征与实施关键:基于劳动要素的理论视野[J].中国大学教学,2-3:8-16.

[64] 马炜梁(2022).植物学,第3版[M].北京:高等教育出版社.

[65] 毛节荣,徐寿山(1991).浙江动物志淡水鱼类[M].杭州:浙江科学技术出版社.

[66] 么郡郡,权红,兰小中(2019).药用植物腊叶标本的采制过程研究[J].西藏科技,12:14-16.

[67] 宁本涛,孙会平(2020).以"五育融合"之眼看大学生劳动教育[J].劳动教育评论,3:58-69.

[68] 宁应之(2014).无脊椎动物野外实习教材[M].兰州:甘肃科学技术出版社.

[69] 彭佳师(2022).生物统计学专业课教育融合劳动教育的初步设计[J].生物工程学报,38(5):2019-2025.

[70] 皮妍,林娟,朱厚泽,等(2011).野外实习与生命科学学科人才的培养[J].实验室研究与探索,30(4):138.

[71] 翟明,王祥润,吴漫婷,等(2021).基于资源普查下植物腊叶标本的规范化制作研究[J].中医药学报,49(11):43-46.

[72] 绍尔蒂什(2022).被子植物系统发育与进化,修订版[M].陈士超,译.北京:科学出版社.

[73] 申继亮,刘向兵,杨冬梅,等(2020).新时代高校劳动教育实施体系构建的实践与反思[C].劳动教育评论,2020-12-31.

[74] 沈文英,任岗,汤访评(2022).动植物野外实习中融入"课程思政"育人元素的探讨[J].绍兴文理学院学报(教育科学),42(6):90-94.

[75] 苏霍姆林斯基(2017).帕夫雷什中学 [M].赵玮,王义高,蔡兴文,等,译. 北京:教育科学出版社.

[76] 孙颖慧,孙永岭,王辰,等(2021).水晶滴胶制作昆虫标本的方法优化[J]. 德州学院学报,37(6):48-50.

[77] 孙元,付淑敏(2020).新工科背景下劳动教育与专业教育融合研究——以 湖南第一师范学院通信工程专业为例[J].湖南第一师范学院学报,20(2): 64-67.

[78] 王丹,黄欣然,戴莲菲(2022).劳动教育融入专业课程教育的对策——以建 筑类专业为例[J].黑龙江科学,13(7):156-158.

[79] 王新伟,马骅(2014).研究性野外实习模式的探索与实践——以"生态学实 习"为例[J].大学教育,16:56-58.

[80] 王艳红(2022).生命科学类课程教学与劳动教育实践的融合策略[J].创新 教学,1:142-144.

[81] 韦婧婧(2021).劳动教育类中小学生研学旅行课程设计的研究[D].温州: 温州大学.

[82] 吴国芳,等(1992).植物学,下册[M].北京:高等教育出版社.

[83] 吴孝兵,鲁长虎(2008).黄山夏季脊椎动物野外实习指导[M].合肥:安徽 人民出版社.

[84] 项辉,廖文波,陆勇军,等(2015).中山大学"生物学野外实习"课程的现状 和发展趋势 [J].高校生物学教学研究(电子版),5(1):36.

[85] 谢学姗(2020).新时代劳动教育与生物学教学的融合[J].科教文汇,59 (29):151-152.

[86] 熊飞,黄金林,余徐润,等(2020).生物学研究性野外综合实习实践[J].实 验室研究与探索,39(4):213-216.

[87] 席贻龙,郝家胜,温新利,等(2008).无脊椎动物学野外实习指导[M].合 肥:安徽人民出版社.

[88] 徐冰,刘全儒,刘丹辉,等(2020).植物学野外实习虚拟仿真教学系统的设 计[J].生物学通报,55(1):43-45.

[89] 徐金娥(2021).对植物标本采集、制作方法的探讨[J].内蒙古林业调查设 计,44(6):101-104.

[90] 袁峰,王应伦(1987).农业昆虫学彩色挂图[M].北京:中国科学技术出版 社.

[91] 于洪贤(2001).两栖爬行动物学[M].哈尔滨:东北林业大学出版社.

[92] 邢文琦,陈睿山,卢俊港,等(2023).生物入侵研究国际进展与中国现状——基于CiteSpace的文献计量分析[J].生态学报,43(16):6912-6922.

[93] 阎燕(2022).构建新时代高校劳动教育与专业教育融合的课程体系[J].中国大学教学,8:56-62.

[94] 杨鑫刚(2020).浅议将劳动教育融入高校的专业课程教育——以课程安全心理学为例[J].现代职业教育,44:48-49.

[95] 张鑫,王辉,李东霞(2020).植物标本制作的研究概述[J].教育教学论坛,26:153-154.

[96] 赵晋(2021).高职院校药学专业师生共制药用植物腊叶标本的可行性分析[J].产业与科技论坛,20(17):99-100.

[97] 张顺仓,骆乐,蒋金金,等(2017).对高校植物学野外实习的几点思考[J].教育现代化,4(41):154-155.

[98] 张晓景,郑晓文,李先毅(2014).基于GlusterFS的OpenStack平台设计[J].微型机与应用,1:74-76.

[99] 张笑燕,王敏讷,杜晓峰(2015).云计算虚拟机部署方案的研究[J].通信学报,(3):241-248.

[100] 张烁(2018).习近平在全国教育大会上强调:坚持中国特色社会主义教育发展道路培养德智体美劳全面发展的社会主义建设者和接班人[N].人民日报,2018-09-11(1).

[101] 浙江动物志编辑委员会(1989).浙江动物志兽类(第一版)[M].杭州:浙江科学技术出版社.

[102] 浙江植物志(新编)编辑委员会(2021).浙江植物志新编[M].杭州:浙江科学技术出版社.

[103] 郑昌琳(1986).中国兽类之种数[J].兽类学报,6(1):76-80.

[104] 郑清梅,何桂玲,黄勋和,等(2017).动物学野外实习指导[M].广州:暨南大学出版社.

[105] 中共中央、国务院(2020).关于全面加强新时代大中小学劳动教育的意见[N].人民日报,2020-03-27(1).

[106] 卓晴君,徐长发(2018).以劳树德以劳增智以劳育美[N].光明日报,2018-10-09(13).